U0384000

编程游乐园——
让儿童掌握面向未来的新语言

（美）玛丽娜·乌玛什·伯斯 著 王浩宇 译

清华大学出版社

北京

图书在版编目 (CIP) 数据

编程游乐园：让儿童掌握面向未来的新语言 /（美）玛丽娜·乌玛什·伯斯（Marina Umaschi Bers）著；王浩宇译. — 北京：清华大学出版社，2019
书名原文：Coding as a Playground
ISBN 978-7-302-52714-5

Ⅰ. ①编… Ⅱ. ①玛… ②王… Ⅲ. ①程序设计—儿童读物 Ⅳ. ①TP311.1—49

中国版本图书馆CIP数据核字（2019）第063161号

责任编辑：孙燕楠
封面设计：鞠一村
责任校对：王荣静
责任印制：杨 艳

出版发行：清华大学出版社
　　　　 网　　 址：http://www.tup.com.cn, http://www.wqbook.com
　　　　 地　　 址：北京清华大学学研大厦A座　　 邮　　 编：100084
　　　　 社 总 机：010-62770175　　 邮　　 购：010-62786544
　　　　 投稿与读者服务：010-62776969, c-service@tup.tsinghua.edu.cn
　　　　 质量反馈：010-62772015, zhiliang@tup.tsinghua.edu.cn
印 装 者：北京嘉实印刷有限公司
经　 销：全国新华书店
开　 本：185mm×260mm　**印　 张：**13.5　**字　 数：**199千字
版　 次：2019年9月第1版　　　　　 **印　 次：**2019年9月第1次印刷
定　 价：38.00元

产品编号：081331-01

序言

《编程游乐园》让我不禁回忆起初次接触计算机编程时的经历——1994年，为响应国家"计算机的普及要从娃娃做起"的号召，山东省烟台市举办了首届青少年计算机竞赛，十二岁的我报名参加并取得了一等奖的优异成绩！父母大喜，于是一下狠心，用家里一大半的积蓄为我购置了人生中第一台电脑。这段比同龄人更早接触计算机编程的经历，不仅使我在后来的各级数理化和计算机竞赛中名列前茅，而且帮助我顺利进入北大计算机系学习。回想起来，如果没有比同龄人更早接触计算机编程的经历，我可能不会在求学之路上如此顺利；如果没有父母的这一笔"天使投资"，我可能就不会创立秒针系统和明略数据——两家大数据行业的独角兽科技公司。

作为编程教育的受益者，我非常认同编程在儿童教育中的价值。回顾我的成长经历，计算机不仅仅是学习工具，更是启蒙兴趣、启发成长的好伙伴。从儿童时期接触计算机编程，不仅可以提升孩子们的逻辑思维能力，更可以在编程的过程中培养严谨的处世态度、积极的乐观心态和勇于表达自我的自信心——这种通过编程塑造的思维方式会潜移默化地促进孩子们的成长，引导孩子们准备好迎接人工智能时代的挑战与机遇。

放眼过去的二十年，在中国如果哪个学科或技能可以最大程度地为一个普通人赋能，毫无疑问就是英语。英语是面向世界的第一语言——通过学习英语，一个人从中国放眼全世界；因为视野更广阔，他所面对的资源自然会更多，从而在人生发展的过程中得到更多机会，甚至改变命运。而在不远的未来，世界将处于人工智能和人机同行的时代，计算机语言一定会成为这个时代最具有创造力的新语言，所以掌握计算机语言并具备编程思维将会是创新者的必备条件——未来的二十年，中国需要更多的创新领袖带领国家实现从"中国制造"到"中国创造"的转型。

对编程教育价值的笃定，让我持续关注中国的儿童编程教育行业——和学习英语一样，计算机语言的学习关键期在于儿童阶段。而在这个阶段，编程教育的首要目的肯定不是练习编程技能，而是通过编程培养思维，为未来的发展打好基础。作为两个孩子的父亲，我希望为孩子们寻找更加具有可持续发展意义的编程启蒙教育；同时作为科技行业的创业者，我也期待在这个蓬勃发展的领域中寻找创新的契机。

21 世纪伊始，国家在教育政策层面逐渐给予计算机编程和信息学越来越多的重视——在教育部 2018 年发布的《教育信息化 2.0 行动计划》中，更是明确推动落实各级各类学校的信息技术课程，并将信息技术纳入初、高中学业水平考试——"计算机的普及要从娃娃做起"的号召正在变为现实！

在这个宏观蓝图下，儿童编程教育在中国如火如荼地发展，每个家长都不希望自己的孩子输在起跑线上；近些年来随着资本的介入，儿童编程教育市场的参与者越来越多，产品形式和营销手段日新月异。但是，一套针对儿童发展特点而开发的、真正具备完善教育理念和权威教学体系的，并经过严谨的教学实践检验的课程，依然空缺着。如何用更有乐趣且更具有可持续发展意义的方式，让儿童掌握面向未来的新语言呢？这是中国的教育者面临的一个挑战，同时也是一个创新的绝佳契机。

正因为对儿童编程教育行业的持续关注，让我认识了王浩宇同学——《编程游乐园》的译者。浩宇同学是美国麻省理工学院的全额奖学金获得者。出生于教师之家的他，带着教育报国的理想，将《编程游乐园》翻译成中文，带给中国的读者们；

并于同一年，回国成立了儿童编程教育机构可丁乐园（Coding Land），致力于与国内外权威教育机构合作，通过以编程思维课程为核心的创新教育，培养孩子们人工智能时代的必备技能、思维方式和核心个人品质。而可丁乐园的编程思维课程，正是基于玛丽娜·乌玛什·伯斯（Marina Umaschi Bers）教授在《编程游乐园》中所传达的教育理念而开发的。

教授是儿童编程教育领域当之无愧的权威，更是将计算机语言和编程思维引入幼儿教育的先锋。《编程游乐园》是她在麻省理工学院媒体实验室和塔夫茨大学的研究及教学成果专著。在这本书中，她开创性地归纳了编程思维对幼儿教育的创新意义、针对儿童发展特点提出了积极技术发展（PTD）教学框架、并通过教学研究和教学实践的有机结合，将教育内容低龄化、产品化、无屏化和实物化，提升了儿童编程教育的普及性。玛丽娜·乌玛什·伯斯教授所倡导的编程思维教育，就如同学习读书写字一样，其目的是引导幼儿在原生的编程语言环境中，通过思考、沟通和表达掌握面向未来的新语言。这样的编程启蒙教育对孩子们的创新能力培养具有可持续发展意义，更是为儿童编程教育的实践和发展指明了方向。

首先，《编程游乐园》通过论证"编程是二十一世纪的一种新型读写能力"这一核心论点，从底层思考阐述了儿童编程教育的意义。尽管劳动力市场对于编程技能的需求在持续增长，但儿童编程教育的首要驱动力并不是培养孩子们成为程序员。在人工智能和人机同行的时代，编程是各行各业的从业者实现创新突破的必备技能——未来的创新领袖不一定是程序员，但一定是掌握计算机语言并具备编程思维的人。从社会发展和公民意识的角度而言，普及计算机语言与编程思维更是与国家教育政策中全面提升信息素养的精神不谋而合。未来的中国是创新型国家，经济发展得益于各行各业的创新突破，而创新突破正是源自接受过良好教育的公民——纵观历史，一个国家的国民识字率和经济发展有着密不可分的正向关系。编程是人工智能时代的"读书写字"，编程普及程度将会像"识字率"一样，反映一个国家的国民素质、创新能力和经济发展潜力。

所以，学习编程应当从儿童时期开始，与读书写字同时进行。玛丽娜·乌玛什·伯斯教授更进一步地针对儿童发展特点，设计了积极技术发展（PTD）框架，使得儿童编程教育的教学实践有规可循。玛丽娜·乌玛什·伯斯教授在麻省理工攻读博士学位期间，师从数学和计算机科学教育先驱西摩·佩珀特，积极技术发展（PTD）框架也脱胎于佩珀特的建构理论教学方法中的"强大理念"——在教学过程中，鼓励孩子们跳出现有的知识储备和思维边界，提出新的创意、逐步实现创新突破。积极技术发展（PTD）框架真正使"强大理念"在儿童编程教育中贯穿始终，让编程能力的提升和编程思维的培养相辅相成，并引导孩子们培养其成长型思维。在教学设计和评估环节中，积极技术发展（PTD）框架有效地嫁接了积极青年发展（PYD）中所倡导的核心个人品质（能力、自信心、性格、联系、关怀、贡献）和课堂行为的表现（内容创造、创新力、行为选择、沟通、协作、社区建设），使得个人品质的培养在教学过程中可视化、可测评，帮助教育者推进教学实践，使得以助力孩子们成长为目标的儿童编程教育得以落实。

玛丽娜·乌玛什·伯斯教授对于儿童编程教育的贡献还在于她在教育内容低龄化、产品化和实物化的创新——她基于积极技术发展（PTD）框架打造了"编程乐园"教学法，提升了儿童编程教育的普及性；并研发出针对四岁到七岁幼儿的编程教育产品，真正将计算机语言和编程思维引入幼儿教育。归根结底，儿童编程教育是"人的教育"。如同写作，一个作家所创作出的文字是否有力量，主要取决于作家的思想，而不是他所用的纸笔是否名贵或修辞用语是否华丽。现如今的儿童编程市场中，大多数产品执着于形式上的丰富，而忽略了对教育内容本身的雕琢和对幼儿发展特点的精确考量；这种空洞的"丰富"往往成为限制孩子们在学习探索过程中的"围栏"，最终孩子们会成为这些电子产品的"重度消费者"而非创造者。而《编程游乐园》中所提倡的"编程乐园"教学法具有开放性，以适应幼儿发展特点为初衷设计，通过充满乐趣的方式——ScratchJr（编程工具）和KIBO（可编程式教育机器人）——将计算机语言和编程思维有机地结合并引入幼儿教育中。这种人机同行、寓教于乐的学习方式不仅培养幼儿的编程思维，更是通过鼓励自我表达的教学设计，帮助幼儿形成积极的科技价值观——从小就实现从数字产品使用者和消费者到制造者、掌控者以及创造者的转变。

《编程游乐园》充满了玛丽娜·乌玛什·伯斯教授对教育事业的热情和孜孜不倦的坚持，这种精神也是值得国内教育者学习的；在此也感谢浩宇同学和可丁乐园（CodingLand）团队为这本书的出版和基于这本书的课程研发所作出的努力。在儿童教育的领域里，没有什么是小事；任何有意或无意间播撒下的种子，都有可能在孩子们的心里生根发芽，在未来的某一时刻开花结果——这是源自我人生经历的感受，也是我作为两个孩子的父亲的深刻体会。正如美国创客教育权威西尔维娅·利博·马丁内斯所言，"教育者的最终使命，是营造值得回味的成长记忆。"这份成长记忆的收藏者，不仅是孩子，还有家长和教育者。作为家长，我们一定要了解世界前沿的教育理念，帮助孩子掌握面向未来的语言，提前做好准备，以迎接未来的挑战与机遇；我也希望中国的儿童编程教育者们以玛丽娜·乌玛什·伯斯教授为榜样，用自己的专业知识为孩子们打造充满乐趣的、启发兴趣的高科技乐园！

（吴明辉，秒针系统和明略数据创始人、人工智能技术专家、北京大学计算机硕士、连续创业者、天使投资人。）

目 录

简介

　　5 岁的莉安娜正手持 iPad，聚精会神地坐在幼儿园的课堂上，时不时地舞动手指。突然，她惊叫起来："快看我的猫咪！快来看呀！"莉安娜兴奋不已，迫不及待地向大家展示她制作的动画片。利用 ScratchJr，通过组合一系列长长的紫色图画编程块——"外观编程块"，她让一只小猫咪在屏幕上反复十次显现又消失。莉安娜还没到识字看书的年纪，但是她知道这些编程块能够让屏幕上的小猫咪出现又消失。小猫咪的一切行为尽在掌控，而通过选择和组合编程块来决定这只小猫出现与消失的次数更是不在话下。莉安娜还是一个 5 岁的小姑娘，和其他同龄人一样，她想要创作可操作范围之内最长的序列，于是她将含有十个编程块的脚本组合到一起，直到占满所有的编程空间。

　　幼儿园老师听到莉安娜的惊呼时，走到了她的编程项目前。莉安娜满脸骄傲地展示自己的电影"处女作"，并将之称为"我的电影"。她说道："我是它的创造者。看我的小猫咪，它一次次地出现又不见，出现又不见，出现又不见。快看呀！"莉安娜的小手点击着屏幕上 ScratchJr 界面中的绿色小旗播放键，动画片随着点击开始放映。"那么这只小猫究竟出现消失了多少次呢？"老师循循善诱道。"十次！"莉安娜回答，"我用完了全部的编程空间，要不然我就会设置更多次啦！"老师于是向他展示了一个名叫"重复"的橘黄色编程块，这个编程块能够插入程序中，使其前面的其他编程块构成一个循环，想运行多少次就能运行多少次。莉安娜注意到这个编程块看起来和她之前用到的紫色编程块有点不同，这是因为二者属于不同的分类，后者叫作"控制型编程块"。

在经历了几次试错之后，莉安娜终于弄明白了如何在作品中插入不同的组合，并将紫色的编程块嵌入重复编程块中。她可以只将一个紫色编程块嵌入重复编程块里，再将重复次数设置为自己所知范围内的最大值。最终，她选择了 99 这个数字，然后点下了绿色播放键，观看自己的最终作品。屏幕上的小猫咪开始了出现又消失的重复过程。过了一会儿，莉安娜觉得时间过于漫长，动画有些无聊，于是返回到代码界面，将重复的次数改为"20"（见图 0.1）。

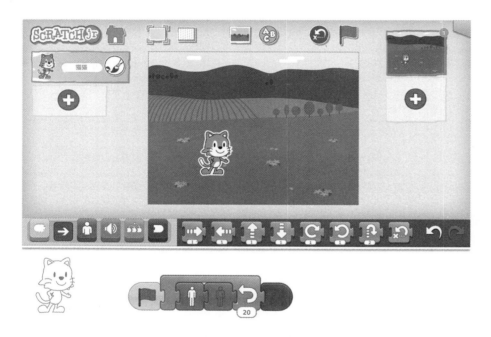

图 0.1 ScratchJr 界面和莉安娜"消失的猫咪"程序。在这幅照片中，小猫咪被编程执行 20 次"出现 – 消失"的循环

在这次经历中，莉安娜和许多计算机科学中行之有效的概念 [1] 不期而遇，这些想法对于年幼孩子们来说并非遥不可及。与此同时，莉安娜也发展了自身的编程思维。她学习到编程语言中存在句法，这些句法实际上是动作行为的符号象征；她意识到自

---

[1] 行之有效的概念包括算法、模块化、控制结构、描述与表示、硬件 / 软件、设计过程和排除故障六个方面，我们将在本书第二部分第 6 章进行详细探讨。

己的选择将会对屏幕上发生的事件产生影响；她不仅能够创建一系列代表复杂行为的编程块，同时也在以系统化的方式运用逻辑思维，将不同的程序块排列为正确的次序；她将模式的概念反复练习并实践应用，同时回顾了早先在课堂中学习过的数学知识；她学会了崭新的编程块，使目标的达成变得小菜一碟；通过探索，她又发现了循环和参数等新概念；与此同时，莉安娜全身心投入到问题的解决之中，在向着目标奋斗过程中磨砺着自己的坚韧品格（即制作一个非常漫长的猫咪动画）；最后，莉安娜掌握了将最初想法转化为最终产品的能力，而编程项目正是这一转化的载体。她选择了这个项目，并与其产生个性化的勾连；她带着骄傲与人分享，当最终结果不尽如人意时也乐于修改完善（即小猫动画由于太长而丧失了趣味性）；莉安娜也同样因此浸润在数学估计和数字感的世界之中（即 99 代表的方式用时长于 20）。

在编程过程中，莉安娜使用了 ScratchJr，这是一种能够同时应用于平板电脑和台式机的专为幼儿设计的免费编程语言。ScratchJr 由我的 DevTech 团队进行设计和开发，这一研究型团队设在塔夫茨（Tufts）大学，并与麻省理工学院媒体实验室中的米切尔·雷斯尼克教授的终身幼儿园小组以及加拿大比科（PICO）公司的保拉·彭达（Paula Bonta）和布莱恩·西尔弗曼（Brian Silverman）合作。时至今日，全球共有 6 000 000 名儿童正在使用 ScratchJr 来创建自己的编程项目。

莉安娜的老师整合了具体教学环境下的 ScratchJr 和让孩子们制作个性化编程项目的自由空间。莉安娜充满了兴奋和热情，对自己的项目有着不达目的誓不罢休的劲头。在此过程中，她不辞辛苦，喜悦之情溢于言表；她享受学习的过程，并全身心地投入其中。对于莉安娜而言，发展编程思维不仅仅包含提高解决问题的能力这一个要素，还囊括了通过编程完成以自我表达为目的的概念积累、技能锻炼，同时也塑造和锻炼了自己的思维习惯。

这本书探索了编程对年幼的孩子而言究竟能够产生多大的作用。或者更明确地说，这本书聚焦于注重儿童在成为小程序员、发展如同计算机科学家的思维方式的过程中，究竟会树立怎样的发展里程碑，又会积累下怎样弥足珍贵的经历。编程让孩子们不再仅仅是技术的附庸，而是终于成为了技术的生产者。像莉安娜这样的孩子能够制作自己的电影或是动画，交互游戏或是小故事。编程不仅是一项包含着问题解决、编程概念技巧在内的认知活动，更是融合了情感和社会因素的表达媒介。莉安娜为自己的项目坚持不懈地努力，不断为其排除故障，因为这真正让她情之所牵。通过该过程，莉安娜感受到了一种骄傲感和掌控感。她的"猫咪电影"也让她能够展现自己真实的一面——既对动画充满了热爱，也醉心于创作动画的过程。

就如同人类其他语言——英语、西班牙语或是日语一样，诸如 ScratchJr 的编程语言同样能够作为我们表达的工具，表达我们的诉求、我们的发现、我们的沮丧、我们的梦想，甚至生活中的日常琐事。我们需要不断学习编程语言的句法和语法，直到能够熟练、流畅地使编程语言为我们所用。我们深谙，学习某种语言的"真心"来源于不同的诉求——无论是情诗，还是购物清单，抑或是学术文章、比萨订单，甚至是在社会集会中对政治事件的讨论。语言帮助我们以崭新的方式思考和沟通。倘若有一天你都能够使用新学习的语言说梦话，那么你就算真真正正地掌握它了。

实物参与的编程活动

不同的编程语言有着截然不同的编程界面，以此来支持不同方式的表达行为。"编程"既能像莉安娜的例子中提到的那样——呈现在屏幕上，也能够发生在现实世界的客观实体之中。比如，我的 DevTech 研究实验室设计了一种 KIBO 机器人，它能够让孩子们抛开屏幕进行编程。编程语言由不同的木质积木构成，这些积木有突起和小洞，通过彼此之间的插入和嵌套，积木块能够形成有形的指令序列，每个积木块都代表对 KIBO 发布的一条指令：前进、摇摆、等待声音信号、亮灯或是发出"嘟嘟"声。

让我们来看看玛雅和纳坦与 KIBO 之间的故事。两人都是学龄前儿童，参与了 KIBO 机器人的一个联合项目。玛雅选择了能够让 KIBO 跳 Hokey Pokey[①] 的舞蹈的积木块组合，该组合以绿色的"开始"键启动，以红色的"结束"键终止。玛雅需要弄明白二者中间需要哪些积木块。不过她没能记住老师教过自己的 Hokey Pokey 曲，于是在选择积木块的时候充满困惑，难以下手。她的队友纳坦提示她道，这首歌应当是这样唱的：

"机器人向前，

机器人向后，

机器人向前，

摇摆摇摆再摇摆，

转身一看——

HokeyPokey！"

玛雅一直哼着这首曲子，并依照歌词顺序选择和摆放积木块。"机器人向前"——前进；"机器人向后"——后退；"机器人向前"——前进；"摇摆摇摆再摇摆"。玛雅突然停下来对纳坦说道："纳坦，我找不到'Hokey Pokey'积木块了！""小傻瓜，咱们并没有这个积木块，我们得用其他的方式弥补。要不我们让 KIBO 交替亮蓝灯和红灯吧？这将成为专属我们的 Hokey Pokey！"玛雅与纳坦达成共识，将两块指示亮灯的积木块放入序列中，同时加入了"摇摆""旋转"和"发出'嘟嘟'声"三

---

① 帽子戏法，魔术名称，指演员从帽子中变出鸽子等（一般以三只为限）。

个木块来表现最后一句——"Hokey Pokey！"。两个孩子一边检查着他们的程序，一边唱着 Hokey Pokey，以此确保所有的积木块已经各就其位。随后，他们启动了 KIBO 来测试该程序。KIBO 的扫码器亮起了红灯（玛雅称为 KIBO 的嘴巴），表示 KIBO 已经做好准备，可以扫描印在积木编程块上的程序条形码了（参见图 0.2）。

图 0.2　KIBO 机器人在扫描 Hokey Pokey 程序的某个版本："开始 – 前进 – 后退 – 前进 – 摇摆 – 旋转 – 结束"

接下来是坦纳负责的环节。由他负责让 KIBO 逐个扫描积木块，但由于操之过急，纳坦略过了"红灯"积木块。玛雅指正了这一点，于是纳坦重新进行了一遍扫描流程。孩子们迫不及待地想要看自己的小机器人跳舞了。"我数到 3 的时候，你就开始唱 Hokey Pokey。"玛雅对纳坦说道。他们知道需要先排练。在课堂中的技术协助环节中，两个孩子已经练习过 Hokey Pokey 了。纳坦开始唱 Hokey Pokey，玛雅和 KIBO 则随着歌声翩翩起舞。不过 KIBO 跳得太快了，与歌曲的节奏不一致。"你能唱快点儿吗？"玛雅询问道。纳坦面露难色："我唱歌的速度肯定跟不上 KIBO 跳舞的速度。"玛雅想了想，一个主意浮现出脑海。她为每个动作都选择了两个相同的积木块，这样 KIBO 的每个动作都能持续更久。比如，对于"机器人向前"这个部分，玛雅用两块"前进"积木代替了起初的一块积木，其他同理。纳坦尝试着又唱了一遍 Hokey Pokey，这一次 KIBO 的舞蹈终于能够合上他的拍子了。

孩子们都鼓起掌来，随着 KIBO 机器人一起摇摆自己的小身体，上下跳跃。正如莉安娜和她的 ScratchJr 动画一样，在孩子们真正接触到计算机科学中的强大理念之前，谁也不知道这些想法到底是什么，其实它们包括排序、算法思维和问题解决。孩子们也温习、运用了他们在幼儿园学到的数学概念，包括估算、预测和数数。更进一步，孩子们置身于合作之中。"小孩子已经在家中有了足够与电子屏面对面的时间，他们需要在学校学习 STEM 学科的新概念和新技能。更为重要的是，他们需要有更多学习社交以及与他人合作的机会。我想让他们直视彼此，而非与电子屏幕'面面相觑'"。玛丽莎（Marisa）——一位幼儿园老师如是说，"KIBO 正是解决这一切的灵丹妙药。"

在技术协助时间，玛丽莎要求每组孩子都提供一段他们的 KIBO 的舞蹈演示。每个孩子都被邀请和他们的 KIBO 共舞一曲。笑声和掌声经久不息，身体锻炼、社交活动、语言发展、问题解决和创新表演都涵盖在了课堂之中，乐趣无穷。编程课堂摇身一变，成为了编程乐园。在先前的工作中，我创造了"乐园 vs. 婴儿围栏"的隐喻来讨论新科技对孩子们的生活产生的影响。编程能够成为一个乐园，一个充满创新、允许自我表达、允许独立或是结伴探索、允许学习新技能和解决问题的真实而有趣的环境。而这一切，都与乐趣形影不离。

高科技乐园

乐园是开放式、无限制的，而婴儿围栏是封闭式、有限制的。乐园对各种各样的幻想游戏、想象世界和创新力张开怀抱。"乐园 vs. 婴儿围栏"的隐喻为我们理解何为适宜性的发展经历提供了一种可行方式。诸如编程语言之类的新科技能够为诸多能力，如问题解决、想象力、认知挑战、社交活动、运动技能发展、情绪探索和做出选择提供推动作用。"婴儿围栏"则与"乐园"形成了鲜明对比，它表现出对自由实验、自主探索、创新机遇和风险承担方面锻炼的缺乏。尽管"婴儿围栏"更加安全，但"乐园"才能够为孩子的成长和学习提供真正无限的可能性。

这本书聚焦于"编程即是乐园"这一活动。编程活动能够以不同的编程语言为载体，正如我们能够通过不同的自然语言，如英语、西班牙语或者汉语一样进行自我表达。莉安娜使用 ScratchJr 来制作猫咪出现又消失的动画电影。玛雅和纳坦则使用 KIBO 木质积木来让机器人伴着歌曲《Hokey Pokey》跳舞。他们都堪称小程序员、生产者以及项目的创作者。纵观全书，我们能够了解更多关于 ScratchJr 和KIBO 的知识，也能够探索在儿童早教过程中有关如何介入计算机科学的强大理念的潜能。在这本书中，我提出了一个有趣的方法——用"乐园"法来替代"围栏"法。在这趟阅读之旅中，我们将会深入编程思维，探索它与编程之间的种种联系。

幼 儿 编 程

编程有着极富创新性的推动作用。奥巴马是首位在一项宣传活动中写下一行代码的美国总统。他的团队发起了一项名为"人人学编程"的倡议，以期能够将编程引入到各个教育层次之中（Smith，2016）。近年来科学研究和政策的改变为编程带来了新的关注 (Sesame Workshop, 2009; Barron et al. , 2011; International Society for Technology in Education (ISTE), 2007; NAEYC and Fred Rogers

Center for Early Learning and Children's Media, 2012; U.S. Department of Education, 2010; A framework for K12 CS, https://k12cs.org/）。在我撰写这本书的同时，仅仅是欧洲就有 16 个国家将编程加入到了国家性、区域性或地方性的课程构建之中，包括奥地利、保加利亚、捷克斯洛伐克、丹麦、爱沙尼亚、斯洛伐克和英国（Balanskat & Engelhardt, 2015; European Schoolnet, 2014; Livingstone, 2012）。除欧洲之外，澳大利亚、新加坡也同样建立了一套清晰的政策体系来介绍 K12 教育中的技术和计算机编程（Australian Curriculum Assessment and Reporting Authority, 2015; Digital News Asia, 2015; Siu & Lam, 2003）。与其他国家相比，美国相形见绌，只有四分之一的学校教授计算机课程，只有 32 个州将计算机课程纳入到高中毕业要求之中。这 32 州中只有 7 个在 K12 教育中提供了计算机科学课程标准。

除了现行政策之外，横跨 198 个国家的 182 000 000 个中小学在 2013 年至 2015 年之间完成了名为"编程一小时"的系列教学辅导课（Computer Science Education Week, 2016）。在 2015 年 1 月，"编程一小时"累计达到了 100 万小时，这门课程由此成为了有史以来最大型的教育运动。不仅如此，诸如"在线 Scratch 编程社区"等以 8 岁以上创新型程序员为对象的编程工具截至 2016 年 12 月已经收集了 18 345 991 个编程项目（https://scrtch.mit.edu）。

Code.org 旨在鼓励全国范围内的学校调整编程课程，拓宽计算机科学的对象范围。据其统计，在 STEM 领域出现的工作机遇 71% 都隶属于编程方向。然而，主修方向为计算机科学的 STEM 学科毕业生只有 8%。很明显，在这一领域，抢占先机是关键。劳动力市场需要程序员，这种需求在近年来有增无减。美国劳动统计局预测从 2014 年到 2024 年，程序员的市场需求量和信息科技类岗位将会呈现 12% 的增长。这个数据代表了所有工作岗位中的最快平均增速。预计在 20 年的时间内，该领域会新增 488 500 个工作岗位。

尽管需求如此巨大，本书并不提倡在儿童早期教育时期就将满足劳动力缺口作为培养目标。我们认为，编程是 21 世纪的一种新型读写能力。而作为读写能力，编程为新型的思考方式、沟通方式和想法表达方式带来一种全新的模式。不仅如此，读写能力也同时是决策过程和公民制度的组成部分。无论是放眼历史还是立足当下，无法读写的人都被放逐在权力体系之外，他们的公民声音无人倾听。那么，接下来，无法编程、无法用编程思维思考的群体是否也将面临相同的困境呢？

我们在幼儿时期就教会孩子读书写字，但我们的出发点并非要将他们都培养成作家。我相信语篇读写能力不仅是一项重要技能，同时更是每个人的智力工具。编程亦是如此！我不会号召所有的孩子在未来都成为软件工程师或是程序员，但我着实期待他们能够具备编程读写能力，从而突破数字产品的消费者角色，转而成为制造者和掌控者。

尽管国家范围内的编程主要针对年龄稍大的孩子，聚焦于早期儿童教育的努力也在日益增长。比如，2016 年 4 月，白宫发起了一项针对 STEM（科学、技术、工程和数学）早期教育的倡议，这项倡议的发起人聚集了学者、政策制定者、从业者和教育家。作为这个群体的组成成员，我被邀请参与讨论编程和编程思维的功用。英国等国家已经调整了自身的课程体系，将编程纳入到早教之中。在亚洲，新加坡目前在全国范围发起了相关项目，该项目以"游戏制造者"为倡议，将 KIBO 机器人等技术引入儿童早期教育，引入到真正的课堂中（Digital News Asia, 2015; Sullivan & Bers, 2017）。我们将在第 10 章介绍该案例。

大量的科学研究证实，在童年阶段越早接触 STEM 课程和计算机编程的孩子在后来投身于 STEM 事业时就能够越少被性别刻板印象所束缚（Metz, 2007; Steele, 1997），同样，在进入技术领域的过程中，他们遇到的阻碍也会越来越少（Madill et al., 2007; Markert, 1996）。正是得益于如 ScratchJr 和 KIBO 等新兴编程界面的发展和大体量的科学研究，使得将编程整合入早期教育的观点得到了越来越多的重视。

研究还表明，从经济学和发展学的立场来看，与后期的教育干预相比，早期的教育干预拥有更低的成本和更持久的影响（e.g., Cunha & Heckman, 2007; Heckman & Masterov, 2004）。两份美国国家研究委员会报告——《学习的渴望》（2001）和《从神经元走向好邻居》（2002）跟踪记录了早期经历对于日后学校表现的重要性。比如，读写能力方面的研究显示，良好的阅读基础早在孩子一年级之前就已经确立，那些没能在学校获得良好表现及一年级结束时也没能获得改观的孩子，在其整个校园生涯、各种学术领域中都将面临极高的失败风险（Learning First Alliance, 1998; McIntosh, Horner, Chard, Boland, & Good, 2006）。那么，编程是否也适用于此理呢？

我理解，认知层次和经济实力的提升是推动将编程引入早期教育的基础。我也乐于看见计算机编程又踏上了复兴之路。然而，我在这本书中搭建了一个迥然不同的情景，对孩子来说，让他们为蓬勃的劳动力市场做好准备固然重要，但更为关键的是编程能够为他们的思维、语言表达交流提供系统化的方式。编程的时候，孩子们所学到的是如何成为一个更好的问题解决者、数学家、工程师、故事讲述者、发明家和合作伙伴。无论是个人化的还是人与人之间交往的技能都能够在编程实践中得到锻炼和改善，而这一切都得益于对一个简单程序的排序，比如让屏幕中的小猫咪出现和消失，让机器人在幼儿园的课堂上与孩子们共舞一曲《Hokey Pokey》。

编程与编程思维呈现出相互作用与促进的关系，编程引导着编程思维的进一步发展，而编程思维则进一步驱动着编程能力的提升。在这样的语境下，编程是什么呢？其实就是将各种行为进行排序，或是当事情不如所愿时排除故障的过程，而正是在这一进程中，孩子们将会接触到计算机科学中的一系列强大理念，也因此浸润在编程思维之中。编程是发展这种思维方式的唯一路径吗？当然不是。正如我们将在后文中所看到的那样，一些诸如唱歌跳舞等的低科技方式也能够实现这一目标。然而我强烈呼吁，编程实在是应当成为小孩子编程思维经历的组成部分。更重要的是，我更呼吁用"编程乐园"法而非"婴儿围栏"法来进行编程活动。

简介到这里就要告一段落了。让我们看看这本书的结构：全书分为三个部分。第一部分，编程乐园；第二部分，编程思维；第三部分，适于儿童的新语言。孩子们和老师们的插图贯穿全书，不同研究、理论框架、技术设计和课程建议的表格也都随文附上。孩子们能够通过不同的方式建立相同的发展里程碑、获取相似的乐园经历。我向读者发起的挑战是，请你们真正思考一下这些不同的方式究竟有哪些。将编程和编程思维引入儿童早期教育的倡议方兴未艾，新标准、新框架的建设都随着编程语言和界面的发展提上日程。为了能够让寓教于乐、鼓励创新、推动社交能力和情绪调节能力的发展得到越来越多的重视，我们任重道远。当然，别忘了我们的首要任务还是让计算机编程走近幼儿园，走入儿童早期教育之中。

参考文献：

A Framework for K12 Computer Science Education. (2016). *A Framework for K12 computer science education*. N.p. Web. 13 July 2016. Retrieved from https://k12cs.org/about/

Australian Curriculum Assessment and Reporting Authority. (2015). *Digital technologies: Sequence*. Retrieved from www.acara.edu.au/_resources/Digital_Technologies_-_Sequence_of_content.pdf

Balanskat, A., & Engelhardt, K. (2015). *Computing our future*. Computer programming and coding. Priorities, school curricula and initiatives across

Europe. European Schoolnet, Brussels.

Barron, B., Cayton-Hodges, G., Bofferding, L., Copple , C., Darling-Hammond, L., & Levine, M. (2011). *Take a giant step: A blueprint for teaching children in a digital age*. New York: The Joan Ganz Cooney Center at Sesame Workshop.

Bers, M. U. (2008). Blocks, robots and computers: *Learning about technology in early childhood*. New York: Teacher's College Press.

Bers, M. U. (2012). *Designing digital experiences for positive youth development: From playpen to playground*. Cary, NC: Oxford.

Bers, M. U., Seddighin, S., & Sullivan, A. (2013). Ready for robotics: Bringing together the T and E of STEM in early childhood teacher education. *Journal of Technology and Teacher Education*, 21(3), 355 - 377.

Code.org. (2016). *Promote computer science*. Retrieved from https://code. org/promote

Computer Science Education Week. (2016). Retrieved from https://csed week.org/

Cunha, F., & Heckman, J. (2007). The technology of skill formation. *American Economic Review*, 97(2), 31 - 47.

DevTech Research Group. (2016). Retrieved from ase.tufts.edu/devtech/

Digital News Asia. (2015). *IDA launches S$1.5m pilot to roll out tech toys for preschoolers*.

Elkin, M., Sullivan, A., & Bers, M. U. (2014). Implementing a robotics curriculum in an early childhood Montessori classroom. *Journal of Information Technology Education: Innovations in Practice*, 13, 153 - 169.

European Schoolnet. (2014). *Computing our future: Computer programming and coding*. Belgium: European Commission.

Heckman, J. J., & Masterov, D. V. (2004). The productivity argument for investing in young children. Technical Report Working Paper No. 5, Committee on Economic Development.

ISTE (International Society for Technology in Education). (2007). *NETS for students 2007 profi les*. Washington, DC: ISTE. Retrieved from www. iste.org/standards/netsforstudents/netsforstudents2007profi les. aspx#PK2

Kazakoff, E. R., & Bers, M. U. (2014). Put your robot in, Put your robot out: Sequencing through programming robots in early childhood. *Journal of Educational Computing Research*, 50(4).

Learning First Alliance. (1998). Every child reading: An action plan of the Learning First Alliance. *American Educator*, 22(1 - 2), 52 - 63.

Lifelong Kindergarten Group. (2016). Scratch. Retrieved from https://llk. media.mit.edu/projects/783/

Livingstone, I. (2012). Teach children how to write computer pro grams. *The Guardian*. Guardian News and Media. Retrieved from www. the guardian.com/commentisfree/2012/jan/11/teachchildrencomputer programmes

Madill, H., Campbell, R. G., Cullen, D. M., Armour, M. A., Einsiedel, A. A., Ciccocioppo, A. L., & Coffi n, W. L. (2007). Developing career commitment in STEM−related fi elds: Myth versus reality. In R. J. Burke, M. C. Mattis, & E. Elgar (Eds.), *Women and minorities in science, technology, engineering and mathematics: Upping the numbers* (pp. 210 - 244). Northhampton, MA: Edward Elgar Publishing.

Markert, L. R. (1996). Gender related to success in science and technology. *The Journal of Technology Studies*, 22(2), 21 - 29.

McIntosh, K., Horner, R. H., Chard, D. J., Boland, J. B., & Good III, R. H. (2006). The use of reading and behavior screening measures to predict nonresponse to schoolwide positive behavior support: A longitudinal analysis. *School Psychology Review,* 35(2), 275.

Metz, S. S. (2007). Attracting the engineering of 2020 toda y. In R. Burke & M. Mattis (Eds.), *Women and minorities in science, technology, engineering and mathematics: Upping the numbers* (pp. 184 - 209). Northampton, MA: Edward Elgar Publishing.

National Association for the Education of Young Children (NAEYC) & Fred Rogers Center. (2012). *Technology and interactive media as tools in early childhood programs serving children from birth through age 8.* Retrieved from www.naeyc.org/fi les/naeyc/fi le/positions/PS_technology_ WEB2.pdf

Sesame Workshop. (2009). *Sesame workshop and the PNC Foundation join White House effort on STEM education.* Retrieved from www.sesame workshop.org/newsandevents/pressreleases/stemeducation_11212009

Siu, K., & Lam, M. (2003). Technology education in Hong Kong: International implications for implementing the "Eight Cs" in the early childhood curriculum. *Early Childhood Education Journal*, 31(2), 143 - 150.

Smith, M. (2016). Computer science for all. *The White House blog.* Retrieved from www.whitehouse.gov/blog/2016/01/30/computerscienceall

Steele, C. M. (1997). A threat in the air: How stereotypes shape intellectual identity and performance. *American Psychologist*, 52, 613 - 629.

Sullivan, A., & Bers, M. U. (2015). Robotics in the early childhood classroom: Learning outcomes from an 8-week robotics curriculum in prekindergarten through second grade. *International Journal of Technology and Design Education*. Online First.

Sullivan, A., & Bers, M. U. (2017). Dancing robots Integr ating art, music, and robotics in Singapore's early childhood centers. *International Journal of Technology & Design Education*. Online First. doi:10.1007/s10798-017-9397-0

U.S. Bureau of Labor Statistics. (2016). *Computer and information technology occupations*. Retrieved from www.bls.gov/ooh/computerandinformationtechnology/home.htm

U.S. Department of Education, Offi ce of Educational Technology. (2010). *Transforming American education*: Learning powered by technology. Washington, DC. Retrieved from www.ed.gov/technology/netp2010

White House. (2016). *Fact sheet: Advancing active STEM education for o ur youngest learners*. Retrieved from www.whitehouse.gov/thepress offi ce/2016/04/21/factsheetadvancingactivestemeducationouryoungest learners

第 1 部分

编程乐园

1 | 问世之初的编程语言

    1969 年，一位名叫辛西娅·所罗门（Cynthia Solomon）的年轻女士跟随麻省理工学院教授西摩·佩珀特（Seymour Papert），一同前往穆兹泽中学（Muzzey Jr. High School）教授孩子们如何编程，这所中学坐落在马萨诸塞州波士顿城郊的列克星敦。那时，"编程"还是一个陌生的词语，鲜少有人通晓其含义。学生们虽然在学习编程，但迫于计算机匮乏，他们只好纸上谈兵。真正的计算机位于几英里外 BBN（Bolt, Beranek and Newman）公司的研究实验室里，教室中只有一种类似于大型打字机的"电传打字机"。老师和学生通过电传打字机输入信息并将其发送回 BBN 公司的第一代现代商业计算机 PDP-1[①] 上，再以电传打字机为终端，远程保存和检索自己的工作记录。尽管 PDP-1 价格高昂、体积庞大，其计算能力却只能与 1996 年问世的袖珍设备相提并论，内存则较后者更为逊色，还需要使用冲孔纸带作为主要存储介质。而正是这样一台基本配置的 PDP-1，其售价就要 120 000 美元（大约相当于今天的 950 000 美元）。

    即便如此，孩子们仍被邀请使用 PDP-1 体验编程的乐趣，为成为一名程序员做好准备。所罗门讲述了孩子们如何通过编程"既制造出了搞笑句子生成器，又熟练地自行设计数学测验"。这正是第一种面向儿童的编程语言——LOGO 语言的雏形。在麻省理工学院的西摩·佩珀特和 BBN 公司的沃利·费尔泽格（Wally Feurzeig）

---

① PDP-1（Programmed Data Processor-1），程序数据处理机 1 号，是世界上第一个商用小型计算机。

以及丹·博布罗（Dan Bobrow）的带领下，"儿童友好型"LISP 编程语言[1] 的一系列不同版本应运而生。由于这项工作最初在麻省理工学院人工智能（AI）实验室开展，随后又得到了西摩·佩珀特和马文·明斯基（Marvin Minsky）的共同指导，LISP 语言采用了某些人工智能编程语言也便不足为奇。1969 年，由西摩·佩珀特负责的麻省理工学院的 LOGO 小组正式成立。LOGO 语言一次次的更新换代驱使研究人员纷纷前往学校进行实地教学，以此来观察、掌握真实的教学动态。在皮亚杰（Piaget）理论的启发下，他们将观察结果记录在麻省理工学院后来发表的几十个 LOGO 语言备忘录中[2]。

所罗门在她自己的维基网站上回忆时写道："1970—1971 学年中我们有一个平面海龟绘图模块和一个展示海龟绘图模块"。前者连接到终端机使孩子们共享绘图的乐趣，后者则是专门用来让四个不同的终端机用户对乌龟进行交替控制。那时，第一个专为儿童设计的编程语言 LOGO 在功能上可谓"集大成者"——它能够编写故事、利用可编程对象（即海龟）制图和探索环境、还能制作和播放音乐。早在 1970 年，首个面向儿童的编程语言已经既能解决问题，又能为儿童的创新表达提供一系列有力工具。

西摩·佩珀特所接受的系统的数学学术训练使他意识到 LOGO 语言的巨大潜力——LOGO 语言能够以寓教于乐的方式让孩子们理解抽象的数学概念。与此同时，其价值体现还在平面式海龟绘图模块和屏幕式海龟绘图模块两个不同界面上。数十年后，以平面式海龟绘图模块为原型，乐高公司和麻省理工学院合作推出了 LEGO® MINDSTORMS® 的机器人概念；而屏幕式海龟绘图模块的应用平台更为广泛，涵盖了商业价值和免费应用两个领域（即 Terrapin Logo、Turtle Logo、

---

[1]　LISP 语言是一种通用高级计算机程序语言，也是第一个声明式系内函数式的程序设计语言。
[2]　麻省理工学院 LOGO 语言备忘录，1971—1981。

Kinderlogo）。几何学与 LOGO 语言可谓"天生一对"。孩子们可以使用海龟绘图模块进行"为所欲为"的编程。他们可以通过指令让海龟在太空中一边移动，一边绘制轨迹，而这些线条则是海龟模块绘出的几何形状的雏形（见图 1.1）。海龟能绘制不同大小的正方形、矩形和圆形，进而吸引孩子们去探索不同角度的概念。通过编程，数学妙趣横生，轻松易懂。回首往昔，西摩·佩珀特和他的同事们已经希望孩子们能够通过学会如何编程，从而有能力成为出色的创新家。

图 1.1　"海龟几何图形"范例是采用海龟标识（Terrapin Logo）进行创建，主要采用下列代码：重复 44[fd 77 lt 17 重复 17[fd 66 rt 49]]

"向前 60，向右 90。"这个程序需要重复多少次才能画出正方形？如何改编这个程序才能画出矩形？在探索这些问题的过程中，孩子们要解决各类"疑难杂症"。但是，LOGO 语言并非让孩子们计算角度，而是让孩子们沉浸在创造缤纷图形的过程中。孩子们需要掌握数学技巧来完成他们选择的项目，也学会了将数学视为一种实用的创新工具。

对于那些致力于将计算能力纳入早期教育的研究人员来说，LOGO 也会让孩子们在编程过程中获得自我创造和表现的能力。它们提供了多种表达渠道：绘画、讲述、游戏和音乐。编程正是为了表达。曾经，研究人员只会将编程与科学、技术、工程和数学联系起来。这些学科毋庸置疑提供了重要的技能和知识基础，而编程更是在此基础上更进一步：它为个性化的交流表达提供了一种与众不同的途径。

建 构 理 论

回溯至 20 世纪 90 年代末，当时还在攻读博士学位的我有幸加入了西摩·佩珀特的麻省理工学院媒体实验室。我们常常笑谈，这完全得益于西摩洞悉了 LOGO 的奥秘。尽管我们将 LOGO 和它充分的表现潜力一同带入了学校，许多教师却仍倾向于在使用 LOGO 时沿袭传统的指导方式，而将创新力和个性表达抛诸脑后。我们对西摩解开 LOGO 的奥秘充满了殷殷期待。所以当我们需要说服老师允许学生自由探索和创造时，西摩都会展现他的个人魅力，为我们助上一臂之力。

我们花费了数小时与许多老师分享他的理论、哲学和教学方法。西摩却没有直接参与到 LOGO 的工作中来。然而，由他开发的"建构"框架，却在一本名为《头脑风暴：儿童、计算机与奇思妙想》(*Mindstorms: Children, Computers and Powerful Ideas*) 的著作中得以采用。这本难得的佳作汇集了佩珀特让孩子们借助编程成为更好的学习者和思想家所采用的各种方法。得以精心设计的 LOGO 足以让年幼的孩子创造出具有深刻个人意义的作品，但如果教师对建构原则一无所知，那么自上而下的课程和指导教学法可能会把 LOGO 变成完全不同的工具。尽管 LOGO 这个设计乐园仍具有趣味性和可玩性，其局限性也显而易见。西摩将其教学法和教育哲学命名为"建构理论"，这一概念源自皮亚杰的建构认知，正是西摩在瑞士与让·皮亚杰 (Jean Piaget) 合作的经历使他充分认识到实践出真知的重要性。

虽然皮亚杰的理论解释了如何通过顺应和同化过程在我们的头脑中建构知识，佩珀特本人也格外注重在全球范围内的丰富计算结构对于头脑建构的支持作用。他的建构理论认为，当计算机作为一种工具，被用来创建人们真正关心的项目时，它就成为了一项强大的教育技术。正如 LOGO 在海龟模块界面上呈现的早期成果一样，无论在屏幕上还是现实世界中，编程都是创新的工具。这一理论还认为，通过趣味方式制作、创造、编程和设计"思维的实体"，孩子们的自主学习能力和发现能力将会得到最优发展（Bers, 2008）。编程实体可以帮助我们建立强大的编程思维，例如排序、抽象和模块化，同时它们也为我们提供了一个发声的契机。至此，编程既是思考过程的新形式，也是对思考结果的表达。第 5 章和第 6 章将着眼于此并探索编程所彰显的计算机科学的强大理念。

建构理论是我的知识源泉。这也是我撰写此书的灵感所在。我采用了有益于幼儿教育的知识点，同时用我个人的理论框架对其加以丰富，我称其为"积极技术发展"（PTD）。第 8 章将对此进行深入探讨。

西摩·佩珀特拒绝为建构理论给出确切的定义。1991 年，他在著作中写道："通过定义来传达建构理论的想法会极其矛盾，究其根本，建构理论的精华是通过建构方式来理解一切。"（Papert, 1991）。为尊重他的愿望，我在过去的专著中始终避免给出定义；然而，我提出了四项有利于早期儿童教育的建构理论基本原则（Bers, 2008）：

1. 自行设计富有意义的个人项目，在群体内进行分享和学习；

2. 利用客观实体建构和探索世界；

3. 从学习领域中确定强大的概念；

4. 将自我反思作为学习过程的一部分。

早期儿童教育强调"边做边学"和参与"基于项目的学习"的效果（Diffily & Sassman, 2002; Krajcik & Blumenfeld, 2006），上述的基本原则与此不谋而合。建构理论进一步扩展了这些方法，让孩子们有机会"从设计中学习"和"通过编程学习"。从建构理论学者的角度来看，这是一个从积木块到机器人的连续学习过程（Bers, 2008）。例如，积木块可以帮助孩子了解大小和形状，而机器人让孩子们探索诸如传感器之类的数字化概念。如今，从饮水机到电梯门，我们在周围的大多数"智能物体"中处处可见它们的踪迹。儿童早期教育课程应当专注于儿童对这个世界的感官体验，而诸如此类的智能物体在我们的世界中也将会层出不穷。

当孩子们通过教育机器人制作、修理或使用这些"智能物体"并从中受益时，他们不仅具备自己动手的能力，而且还能够探索编程和工程等学科领域的知识，同时也会了解到知识的本质。他们会"思考个人认知过程"。他们会成为认识论专家，就像皮亚杰和佩珀特一样，前者对知识的本质充满了浓厚的兴趣，而后者则将其在麻省理工学院媒体实验室的研究小组命名为"认识论与学习"。

谨 此 纪 念

西摩·佩珀特是一位著名的南非数学家，最初在日内瓦与让·皮亚杰共事，随后前往波士顿，成为麻省理工学院人工智能（AI）实验室的另一位负责人。他是麻省理工学院媒体实验室的创始人之一。他于 2016 年 7 月去世，加里·施塔格（Gary Stager）在一期《自然》（Nature）杂志中写下了一片言辞真挚恳切的讣告："很少有学者能够像佩珀特一样专注于实际学校的工作。他对关于儿童的具有独创性和寓教于乐的学术理论充满了浓厚的兴趣。他与孩子们一起游戏或编程都是令人难忘的瞬间。"（Stager，2016）每当回忆起这些难忘的时光，我仍会唏嘘不已。因为我也曾经是西摩的一个求知若渴的学生。

西摩喜欢迎接问题，但他却没有足够的时间去探索答案。当我遇到西摩时，他已经是一位杰出的人物，也是一位名副其实的"空中飞人"。所以，护送他去机场就变成了我的一个奇妙而难得的学习机会，因为这能让他全神贯注地投入到问题的探讨中。他一直在全球各地忙碌，因此这样的会面就变得很频繁。我们会在出租车的后座探讨问题，也会在他等待下一班航班的间隙在机场咖啡店相互交流。我们有时也不得不中断发人深思的讨论，因为他的航班即将起飞。这些场景至今想来仍历历在目。

西摩是一个有洞见的人。我认为，他之所以选择计算机编程，是因为它有潜力为个人和社会带来新知。思想可以改变世界，而西摩则想改变思想。从这个意义上说，西摩的理念与建构理论在提升读写能力上有很多共通之处。读写能力的大规模推行是一项改变世界的重大事件。读写能力不仅仅是"实用性"工具，亦能够作为"认识论工具"重构我们认识世界的方式。那么，编程读写能力是否能成为二十一世纪一项崭新的读写能力呢？我会在下一章探讨"编程是一种读写能力"这一观点的内涵。

参考文献：

Ackermann, E. (2001). Piaget's Constructivism, Papert's Constructionism: What's the difference? *Future of Learning Group Publication*, 5(3), 438.

Bers, M. U. (2008). Blocks to robots: *Learning with technology in the early childhood classroom*. New York, NY: Teachers College Press.

Diffily, D., & Sassman, C. (2002). *Project based learning with young children.* 88 P ost Road West, PO Box 5007, Westport, CT 06881 - 5007: Heinemann, Greenwood Publishing Group, Inc.

Hafner, K., & Lyon, M. (1996). *Where wizards stay up late: The origins of the Internet* (1st Touchstone ed.). New York: Simon and Schuster.

Krajcik, J. S., & Blumenfeld, P. (2006). Project based learning. In R. K. Sawyer (Ed .), *Cambridge handbook of the learning sciences* (pp. 317 - 333). New York: Cambridge University Press.

MIT LOGO Memos. (1971 - 1981). *Memo collection.* Retrieved from www. sonoma.edu/users/l/l uvisi/logo/logo.memos.html

Papert, S., & Harel, I. (1991). Situating constructionism. *Constructionism*, 36(2), 1 - 11.

Rinaldi, C. (1998). Projected curriculum constructed through documentation—Progettazione: An interview with Lella Gandini. InC. Edwards, L. Gandini, & G. Forman (Eds.), *The hundred languages of children: The Reggio Emilia approach—Advanced refl ections* (2nd ed., pp. 113 - 125). Greenwich, CT: Ablex.

Solomon, C. (2010). *Logo, Papert and Constructionist learning.* Retrieved November 15, 2016 , from http://logothings.wikispaces.com/

Stager, G. S. (2016). Seymour Papert (1928 - 2016). Nature, 537(7620), 308.

2 | 编程是一种读写能力

编程是一种全新的读写能力。自 20 世纪 60 年代初起，计算机的拥护者始终声称读写代码与语篇读写能力异曲同工，二者都能够引人思考并实现自我表达。本章我将从社会性、历史化的视角，结合语篇阅读能力的相关认知学理论，对"编程是一种读写能力"这一论断进行阐释。

学界将"读写能力"定义为一种人类特有的能力，该能力通过一套具有生成性思维方式的符号系统来实现——兼备创造性、互动性和修辞性功能的文本写作正是如此。正因为人类具备了读写能力，本来需要即时互动的话语内容突破了时空限制——我们能够在此时此地通过写作来阐述想法，而他人则能够在彼时彼处通过阅读来诠释观点（Vee, 2013）。读写能力有着不可或缺的技术要求。《韦氏字典》将"技术"定义为"知识在特定领域的实际应用"。读写能力应用在语篇上就是阅读和写作，而呈现在计算机领域则是编程。每一种技术都联结着各自独一无二的工具，它们为符号系统或是生成体系提供载体。比如，印刷术使得全民阅读成为可能，而编程语言则极大地推动计算能力向读写能力的蓬勃转变。在读写能力普及前，声音和肢体语言便是口语时代的两大载体。

沃尔特·汪（Walter Ong）是一位美国耶稣会教士和学者，他致力于探究我们从"口耳相传"到"以文载道"的转变如何影响文化进程、塑造人类意识。汪在他的经典著作《口语文化与书面文化：语词的技术化》（*Orality and Literacy: The*

Technologizing of the Word）中研究了从口语时代到书面语时代（尤其是写作和印刷）的转变，并据此指出了人类思维形式的根本巨变。"离开写作，无论是口头创作还是书面撰写，文学的思路都无法以其应有的形式展开。我们常常难以察觉写作对我们的思维方式产生的深远影响，但这种影响却真实存在。我们即便竭尽全力，也无法将写作从我们的生活中剥离出去，更毋论否定它的存在及其潜移默化的影响了。

在汪的叙述中，写作是必学之技，它引领着人类从声音世界走向视觉世界。比如，口语时代的文化中"looking up something"[①]可能没有实际含义，因为即便物质世界存在这个词指称的对象，但由于词语本身并没有落到纸面上，因而也无法明确呈现。换言之，"look up"是通过视觉进行的隐喻表达，而词本身是声音形式，它们转瞬即逝，在空间中不留痕迹。

在缺乏书面语的时代，人们为了记诵那些口耳相传的信息应用了很多技巧——箴言、谚语、史诗、传记便是例证。这些口语文化侧重于循环型的思维方式。巫师或是说书人邀请人们聆听那些流传已久的故事，通过循环往复的讲述来帮助人们记忆。相反，书面语文化更倾向于线性、逻辑性、历史性或进化性的思维，而这完全得益于文字书写。汪尤为关注从口语文化到书面语文化的转变。他指出，关于计算机的早期评述与关于写作的早期评述存在诸多相似之处。

汪的一系列成果将读写能力视为一种极具认识论色彩的历史和社会现象。写作技术经过漫长的演变早已改变了人类思考世界的方式。抄写员时代的知识仍面向某些特定人群，与多数人隔离；印刷术发明后各种观点才真正涌向普罗大众。此外，写作重塑了人们的思考方式。从根本上说，写作技术倾向于逻辑思维，创作的主体与

---

① 直译为"向上看某种事物"，在英语中表示"寻找某样事物"；下文中"look up"为直译为"向上看"，在英语中表示"寻找"。——译者注

客体相分离（即创作者与创作内容）。客体（创作内容）具有自己的生命力，能够被分析、解构和诠释。这为我们带来了一种元认知："思考认知本身"。西摩·佩珀特所说的"不思考某些具体的事就不能思考认知本身"，指的就是元认知层面对理解我们的个人认知和领会世界的重要性。在他看来，计算机和编程能力使孩子们有机会思考自己的认知过程，从而创造出"某些东西"（即编程项目）。书面文字和编程项目都为元认知提供了机会，使我们在创造的过程中解构和诠释自己的想法。

例如，当一个孩子使用 LOGO 制作一款有关分数的幼儿小游戏时，不仅需要运用计算机和数学知识，还要考虑游戏设计原则和游戏视角。她需要思考如何调整游戏使其迎合玩家们的背景知识。为了能够使玩家全情投入，她还需要考虑玩家们的颜色偏好并对界面设计做出选择。这个小程序员将设身处地为玩家着想，尽力揣摩玩家们在游戏中遇到新挑战时会做何反应。从认知发展的长期研究中，我们获知换位思考是思考的基础（Tjosvold & Johnson, 1978; Tudge & Rogoff, 1999; Tudge & Winterhoff, 1993; Walker, 1980）。这个小程序员并没有被要求脱离实际地"思考认知本身"，否则这项任务即便可能完成也将异常艰难。他们通过创造一个互动式分数游戏来思考。在用 LOGO 编程教学式分数游戏的过程中，孩子们编程读写能力的发展贯穿始终（Disessa, 2001）。然而，重中之重却是这个孩子将会成为一名认识论者，并进一步探索知识的建构方式和人类的学习模式（Turkle, 1984）。

文字与计算机读写能力

儿童创造的编程项目和作者书写的文字都是读写能力的产物，它们独立于创造者，有着自己的生命力。这些作品可以被用来分享、阅读、修改和取悦他人，它们将引发情感的共鸣。作品一旦问世就可以得到与作者原意截然不同的解读。编写游戏代码的孩子们也好，文字创作者也罢，他们都无法决定他人接受自己作品的方式。创造是一个迭代的过程，要"遇水架桥，逢山开路"。在编程过程中，孩子们需要发现和修复程序中的错误；在文学创作时，作者需要找到语法错误和思维不连贯之处。正如修改和编辑是语篇读写的主要任务一样，在编程中也要不断调试程序。

从创意提出到产品成型（即计算机游戏或文学创作），创新与关键的工作流程相辅相成。佩珀特引述了艾略特（T.S. Eliot）的观点来加以佐证："作者在撰写作品时，大部分工作都很关键，筛选、组合、构建、删除、修订、测试……这些令人望而生畏的工作与创新同等重要。"创新者的作品本身具有强大的生命力，但有时也会掩盖创新的过程。在接下来的几章中，我们会看到，在发挥编程读写能力进行工作时，编程应当被置于首要位置。编程是我们创造最终作品的必由之路，沿途的风景和目的地都举足轻重。

在幼儿教育方面，记录"过程"是个具有坚实基础的传统。例如，瑞吉欧教学法不仅记录儿童的最终结果，还侧重于集中记录孩子们在工作中的经过、记忆、想法和创意（Katz & Chard，1996）。记录文件可能包括：儿童在不同阶段完成的工作样本，工作过程中的留影，老师的反馈，甚至家长或其他孩子的评价。这些文件使潜藏在工作成果中的学习过程透明化，从而使我们能通过重温作品来理解其创作过程。

与之相似，读写能力领域的研究旨在呈现潜藏在作品中的写作过程，人们通过不同的切入点来重构作者的写作过程，剖析作品结构和内在机制；编程读写领域的研究方兴未艾，它旨在理解编程或创造共享项目这一结果如何与编程思维不谋而合。

早在 1987 年，佩珀特就呼吁类比"文学评论"开创一个全新研究领域——"编程评论"。他写道："这样的命名并不是对计算机进行批判，而是类比于对文学作品的审鉴而提出的……计算机评论的目的是理解、阐释和展望，而非谴责和批评。"佩珀特设想，这门新学科将有助于更好地阐明计算机和计算机编程的社会功用，尤其是在教育领域的作用。

虽然计算机评论与其姊妹学科相比还处于"婴儿期"，但以读写能力为原型去理解编程意义这一思路蕴含着巨大潜力。和编程一样，读写能力能够使作品在其创作者的本义的基础上进一步升华。当一个人有雄心、有激情、有表达的强烈欲望时，编程和写作一样能够成为他表达的媒介。现在的讨论总是把编程和编程思维当作解决问题的方式，而将其视为表达媒介的观点少之又少。"表达"同时需要解决问题的能力和丰富的知识储备，但解决问题不是终极目标。比如，制作动画过程中编程技巧必不可少，但我之所以解决制作过程中遇到的各种问题，并不是因为我喜欢解决问题（尽管我也可能会喜欢这样做），而是因为我想通过一个可以共享和解读的外在作品（动画）来表达自我。

编程是一种富有表现力的媒介

孩子们在编程时在想些什么？孩子们在阅读和写作时脑海中又会浮现出哪些场景？学习二者的过程是相似还是迥异？言语先于读写，口语的发展先行于书面语的发展。为了支持对编程读写能力的教育性干预，语篇读写能力丰富的历史又能提供哪些借鉴？

杰罗姆·布鲁纳（Jerome Bruner）是一位美国心理学家和学者，他对认知心理学和教育理论作出了重大贡献。在研究语言发展时，布鲁纳提出了一个社会互动论视角。他的研究方法强调了语言的本质在于社会性和人际关系性，这与诺姆·乔姆斯基（Noam Chomsky）的语言习得的本能论形成了鲜明对立。受俄罗斯社会文化发展理论家列夫·维果斯基（Lev Vygotsky）的启发，布鲁纳提出了社会互动在整体认知发展，特别是语言发展中的重要作用。孩子们通过学习语言进行交流，并在此过程中学习包括句法和语法在内的语言编码。孩子们对语言的"学习"和"使用"同时进行，很难分辨二者孰先孰后。当然，孩子们不会孤军作战，他们会获得来自同龄人、成年人、游戏和歌曲的帮助和支持。"编程乐园"的方法是我本着同样的精神提出来的——孩子们需要"边做边学"，学习代码和运用所学齐头并进，久而久之，熟能生巧。

对布鲁纳而言，尽如人意的学习结果不是掌握语言的概念和范畴，也不是通过语法和句法规则解决问题，而是孩子们独立创造和举一反三的能力。例如，使用书面语言撰写邀请函或书籍，或使用编程制作动画、绘制几何图形。编程教学的目标不是掌握编程语言的句法规则，而是有能力创造出有意义、有特点的个人项目。编程行为可能有助于编程思维，但并非总是如此：比如孩子们会不假思索地按照要求从黑板上抄下代码，背诵句法规则。作为一种读写能力，编程不仅包括思考，还涉及实践、创新和制作等环节，也包括完成一个外在的、可共享的作品。

对于尚处于懵懂时期的孩子，编程仅仅涉及一种表示操作的语言（计算机指令），这种语言可以通过不同的组合方式来创建不同的项目。随着孩子的成长和对复杂编程语言的学习，编程还会涉及对语法规则的使用和对新句法规则的探索。编程"走入校园"时，通常会成为孩子们需要面对的挑战或是逻辑谜题——大多数接触过传统计算机科学课程的学生都有过"老师布置问题，学生解决问题"的经历。这种方法对于那些发自内心更想要学习编程的孩子可能奏效，但遗憾的是，它也由于缺少自我表达的机会把多数孩子拒之门外。我的方法则不同：编程的目标是表达，而不是解决问题。解决问题是一种表达工具。我相信，通过创作和分享一个意义丰富的作品，孩子们能够展现项目风采，表达个人观点。

儿童编程语言必须支持孩子的表达。儿童编程开发项目的最初目的不正是让他们能够在世界上发声吗？比如，孩子们可以使用 ScratchJr 为自己的父亲制作一张动画生日贺卡，抑或使用 KIBO 程序为自己最喜欢的歌曲编排一段动感舞蹈。在这个过程中，孩子们能够从计算机科学中学习解释强大的概念，掌握强大的技能，从而解决很多问题。虽然解决问题并不是儿童早教编程的唯一目标，但它是一个能够让孩子们表达自我、互动交流的有力机制。

2013 年，为了推进一种与众不同的编程方法，米切尔·雷斯尼克（Mitchel Resnick）和大卫·西格尔（David Siegel）讨论创建 Scratch 基金会（Scratch Foundation），他们这样写道：

> *"对我们来说，编程是一种新型读写能力和个人表达方式，而非一套专业技能，学习编程如同学习写作一样对每个人都价值非凡。我们将编程视为人们组织、表达和分享观点的新方式……在许多任务引导型的编程活动中，学生们需要编写一个能够穿越重重阻碍后到达目的地的虚拟角色。这个方法能够帮助学生学习一些基本的编程概念，但却无法让他们创造性地表达自己的想法或者长期致力于编程——好比一门写作课程只教授语法和标点，却不让学生讲述自己的故事。"*

再次强调，编程与读写能力紧密相连，也可以成为一种自我表达的方式。早在 1987 年，西摩·佩珀特就提出将计算机作为人类表达的媒介，他甚至断言"计算机迟早会拥有自己的莎士比亚、米开朗基罗或爱因斯坦"。近 20 年后的今天，我们可以轻松识别这些"莎士比亚、米开朗琪罗和爱因斯坦"——他们是创新编程语言的缔造者和程序员。他们真正了解计算机所具有的社会力量，并因此成为了成功的企业家、慈善家和商界人士。

读写的影响力

同语篇读写能力一样，编程读写能力也具有历史化、社会化、交际化和全民化的特点（Vee, 2013）。学习编程的群体日益增加，而计算机编程也不再受限于计算机科学，渐渐成为其他专业的核心，读写能力的全民化开始发挥作用。曾经，读写只是少数人的特权，而当下我们已脱离手写时代，全面进入面向大众的印刷时代，读写能力的整体提升在社会变革中起到了举足轻重的作用。

例如，通过长期开展的扫盲运动，我们实现了大范围的人员流动和资源整合。博拉（H.S. Bhola）将扫盲运动的历史追溯到 16 世纪初的欧洲新教改革。扫盲运动通常会为社会、经济、文化和政治改革或转型提供支持。20 世纪 70 年代，在革命或非殖民化的解放战争之后，各地政府纷纷开展了大规模的成人扫盲运动。

举例来看，20 世纪 60 年代，巴西教育家保罗·弗莱雷（Paulo Freire）曾受命主持这些国家的扫盲运动。弗莱雷以其关于受压迫者教育学的工作而闻名于世，他认为教育是一种不能脱离教育学的政治行为。雷斯尼克和西格尔的谈话揭示了弗莱雷已经认识到写作不仅是一种实用技能，也阐述了他在贫困社区开展扫盲运动的方法。扫盲运动不仅帮人们找到工作，还帮人们掌握了塑造和重塑自我的能力。弗莱雷支持这样一个事实：教育应该让那些在社会上、经济上或政治上受到压迫的人们重获人性，而使这些人拥有读写能力正是他所采用的有效方式。他坚信受压迫者必须在其自身的解放中发挥作用，而首要一步是教会他们如何阅读和写作；读写能力成为了一种解放自我的工具，同时为提升个人智慧和国家政治水平提供力量。

正如沃尔特·汪所述，在口语时代的转型过程中，权力集中在那些具有读写能力以及后来拥有印刷书籍垄断权的个人或社会团体中。那些不识字的个人或社会团体则无法获得这样的权力。"编程是一种读写能力"并不意味着只向学生教授计算机编程知识，授予其计算机科学学位、提供职业发展机会（这归因于该行业程序员和软件开发人员的短缺），而是为他们提供一系列知识工具，使他们能够表达自己并在公民社会中发挥作用。在当今世界中，能够开发数字技术的人将比只能使用数字技术的人更有成就，能够创新和解决问题的人将创造未来的民主。他们已做好了应对多文化、多民族、多宗教等全球多样化挑战的准备。

编程不仅仅是一项专业技能，它和阅读与写作一样，是 21 世纪一种应用读写能力的全新方式。它不仅能改变我们对个人认知的思考方式，还将改变我们在社会中审视自己的方式以及制定社会法律和民主机制的方式。它能够带来积极的改变。在后续章节中，我将介绍自己开发的积极技术发展（PTD）方法，其中强调了编程教学的目的，让孩子们也可以成为社会的贡献者。孩子们可以利用编程创造一个更美好、更公正的世界。作为教育工作者，我们在思考编程教学方法时必须意识到这一点：如果我们仅让孩子应对谜题般的挑战，那么我们就是在舍本逐末，忽视了编程读写能力最重大的意义：让孩子表达自己的声音。

读写能力的独特技术

受米歇尔·福柯（Michel Foucault）"自我技术"哲学构想的启发，我认为语篇和编程读写能力使我们能够：1）制作和改进作品；2）使用有意义的符号系统；3）决策个人的行为；4）通过思想实现自我转变。这四个要素启发了我关于"编程是一种读写能力"的构想。读写能力需要行为和思维两个层面的技术支持。我们可以通过这个定义认识到，技术能够让思维转化为诸如阅读、写作、编程之类的具体行为。阅读和写作技术相互区别，使用的工具也各不相同。例如，印刷机让各种观点广泛传播，而手写卷轴则极具排他性；钢笔能够用来创作和表达，但在编辑上却会让人举步维艰；蜡笔适合我们在初学字母时的写写画画，但却不适于创作长篇巨制。编程工具同样种类繁多，不同的技术平台支持不同的编程语言。

我们如何选择最好的工具来发展语篇编程读写能力？我们如何设计适合新发展的工具？幼儿教育研究者为全面了解支持儿童写作的最佳工具花费了数十年的时间。教育工作者会为他们年轻的学生慎重挑选最好的写作工具，并向家长提出建议。本着同样的精神，幼儿技术教育的新兴领域必须为发展适合儿童的编程语言和平台做出真正适宜的选择。

设计编程读写能力所需的工具不仅仅是软件工程专业人员的责任。我们熟悉与学习儿童发展理论，同样责无旁贷。我们只有彼此充分对话、想法充分碰撞，这种跨学科的合作才有可能付诸现实。为了培养能够在这两个领域中兼收并蓄的新一代学者和实践者，我献出了二十年的光阴。我在塔夫茨大学的 DevTech 研究小组，其成员包括来自认知科学、教育、儿童发展、机械工程、人为因素、计算机科学和教育等不同学科的学生，在此不做赘述。

在本书的最后部分，我将介绍两种编程语言，主要体现为我的 DevTech 小组与一个顶级团队经过多年设计和开发的合作成果：ScratchJr 和 KIBO 机器人。我还会为那些有兴趣参与必要对话的人提供设计原则——在创建新语言时以儿童发展和学习作为立足点。我的愿景是专为儿童设计的多种不同编程语言能够随着该领域的成熟得到广泛应用，每种语言都能够展示其独特的界面，支持和推广崭新的表达方式。在下一章，我们将探讨有哪些因素能够使编程语言成为实现编程读写能力的独特技术。

参考文献：

Bhola, H. S. (1984). *Campaigning for literacy: Eight national experiences of the twentieth century, with a memorandum to decision makers*. Paris: UNESCO.

Bhola, H. S. (1997). What happened to the mass campaigns on their way to the twenty-first century? *NORRAG, Norrag News, 21*, August 1997, 27–29. Retrieved from http://norrag.t3dev1.crossagency.ch/en/publications/norragnews/onlineversion/thefifthinternationalconferenceonadulteducation/detail/whathappenedtothemasscampaignsontheirwaytothetwentyfi rstcentury.html (Accessed 07 March 2014).

Bruner, J. S. (1975). The ontogenesis of speech acts. *Journal of Child Language*, 2, 1–19.

Bruner, J. S. (1985). Child's talk. Cambridge: Cambridge University Press.

Chomsky, N. (1976). On the biological basis of language capacities. In *The neuropsychology of language* (pp. 1–24). New York: Springer.

DiSessa, A. A. (2001). *Changing minds: Computers, learning, and literacy*. Cambridge, MA: MIT Press.

Dyson, A. H. (1982). Re ading, writing, and language: Young children solving the written language puzzle. *Language Arts*, 5 9(8), 829–839.

Foucault, M., Martin, L. H., Gutman, H., & Hutton, P. H. (1988). *Technologies of the self: A seminar with Michel Foucault*. Amherst, MA: University of Massachusetts Press.

Graham, S., McKeown, D., Kiuhara, S., & Harris, K. R. (2012). A meta-analysis of writing instruction for students in the elementary grades. *Journal of Educational Psychology*, 104(4), 879.

Graham, S., & Perin, D. (2007). Writing next: Effective strategies to improve writing of adolescents in middle and high schools. A report to Carnegie Corporation of New York. Washington, DC: Alliance for Excellent Education.

Graves, D. H. (1994). *A fresh look at writing*. 361 Hanover St., Portsmouth, NH 03801 - 3912: Heinemann. (ISBN0435088246, $20) .

Katz, L. G., & Chard, S. C. (1996). The contribution of documentation to the quality of early childhood education. ERIC Digest. Champaign, IL: ERIC Clearinghouse on Elementary and Early Childhood Education. ED 393 608.

Ong, W. (1982). *Orality and literacy: The technologizing of the word*. London: Methuen.

Ong, W. (1986). Writing is a tech nology that restructures thought. In G. Baumann (Ed.), *The written word: Literacy in tra nsition* (pp. 23 - 50). Oxford: Clarendon Press; New York: Oxford University Press.

Papert, S. (1987). Computer criticism vs. technocentric thinking. *Educational Researcher*, 16(1), 22 - 30.

Papert, S. (2005). You can't think about thinking without thinking about thinking about something. *Contemporary Issues in Tech nology and Teacher Education*, 5(3 - 4), 366 - 367.

Resnick, M., & Siegel, D (2015 Nov. 10). A different approach to coding: How kids are making and remaking themselves from Scratch [Web blog post]. Bright: What's new in education. Retrieved June 29, 2017 from https://brightreads.com/a-different-approach-to-coding-d679b06d83a

Taylor, D. (1983). *Family literacy*: Young children learning to read and write. 70 Court St., Portsmouth, NH 03801: Heinemann Educational Books Inc.

Tjosvold, D., & Johnson, D. W. (1978). Controversy within a cooperative or competitive context and cognitive perspective taking. *Contemporary Educational Psychology*, 3(4), 376 - 386.

Tudge, J., & Rogoff, B. (1999). Peer influences on cognitive development: Piagetian and Vygotskian perspectives. *Lev Vygotsky: Critical Assessments*, 3, 32 - 56.

Tudge, J. R., & Winterhoff, P. A. (1993). Vygotsky, Piaget, and Bandura: Perspectives on the relations between the social world and cognitive development. *Human Development*, 36(2), 61 - 81.

Turkle, S. (1984). *The second self*: Computers and the human spirit. New York: Simon and Schuster.

Vee, A. (2013). Understanding computer programming as a literacy. Literacy in Composition Studies, 1(2), 42 - 64.

Walker, L. J. (19 80). Cognitive and perspective taking prerequisites for moral development. *Child Development*, 131 - 139.

3 | 工具与语言

　　笔是我写作的工具。我可以用任何一种我掌握的语言直抒胸臆。我生长于阿根廷，自然能够用西班牙语写作；由于我在移民美国之前需要申请研究生，我也掌握了第二语言——英语；儿时的我居住在科特迪瓦和以色列，自那时起我就学习了法语和希伯来语，用这两种语言写作也不在话下。希伯来语写作和英语写作截然不同，它的写作方向从右至左，只写辅音不写元音；法语的字母和重音也与西班牙语和英语有所区别；英语的句子构造与西班牙语和法语都不尽相同……时光荏苒，我从自己身上发展出一种超越了任何书面语言的文本读写能力，我能够利用书写体系将口语翻译成其他人可以阅读的符号，也能够理解符号的象征性含义。由于我对写作的基本原则已有心得，纵使每种语言都有自己的句法和语法，在使用某一种新语言写作时，我也能够充分利用这些原则畅所欲言。这些原则潜移默化地影响了我的思维方式，能让我循序渐进地进行思考。

　　给我一支笔，让我自由选择一门我精通的语言，我能够写下各种类型的文本：情书、捐赠书或是购物清单。于我而言，写情书大概会使用西班牙语，写捐赠书和购物清单则使用英语，每种语言各有千秋，都能为我与他人的沟通提供帮助——我的丈夫也来自阿根廷，因此我们主要用西班牙语沟通交流；我参与捐赠的基金资助机构是一家美国组织，日常生活中也主要使用英语，因此对于后两种文体而言英语最为有效。"笔"能够让我在不在场的情况下仍能够与人交流。无论写作还是涂鸦，都为我创作新作品提供了灵感之源。我并非一直主动用笔做有趣之事——小时候我的老师也要求我重复抄写 100 遍单词来学习拼写。他声称抄写是锻炼写作能力的必由之路。但凡她读过布鲁纳的书，她就会意识到"使用语言"和"学习语言"并行不悖，就一定会选择更具表现力的方式来帮我掌握和强化读写能力。笔的本质是载体、是媒介、是书面表达的工具，而使用者决定了它能够展现出何等的创新力。

计算机同样如此。在计算机面前，很无聊或者有创意、做内容的消费者或是生产者、玩游戏或者创作游戏都是使用者的自由。如果我掌握一种编程语言，比如 ScratchJr、LOGO 或 JAVA，我就可以进行编程。我还是研究生时曾经使用 LISP 进行编程，但由于荒废多年我已经对它感到有些生疏了。拥有不同句法和语法的编程语言适用的内容也不尽相同——制作动画自然要使用 ScratchJr；构建网飞（Netflix）或亚马逊（Amazon）之类个性化的推荐算法，JAVA 则是不二之选；若是想要绘制美丽的几何图形我便会选择 LOGO。即使我不是专业程序员，我长期以来也一直在打磨我的编程读写能力。我或许没资格成为软件工程师，但应用我掌握的某些编程语言进行表达和沟通对我而言已然足够。

计算机之类的工具不是语言，但熟练掌握的语言却能够成为有效的工具。笔本身不是西班牙语，计算机本身也不是 LOGO。工具的意义在于让我们的语言拥有用武之地。工具和语言是名词而非动词，它们并不表述行为；写作和编程恰恰相反，它们叙述着一类具有倾向性和选择性的切实行动。编程语言同自然书面语言一样拥有句法和语法，亦是存储和传递信息的可靠形式，包含着解码、编程、读取和写入的过程；人工语言同样需要学习，这个过程帮助学习者发展出全新的思维方式。

写作和编程都是为了创作能与别人共享的产品，二者之间的相似之处不胜枚举：均涉及理解和创作过程；从初学者到专家均需要具备不同的流畅应用程度；均涉及工具和语言的使用；均可以满足表达和沟通的需要。无论是书面读写能力还是编程读写能力，工具和语言的使用方法都是先决条件。除了读写能力本身之外，流畅性和易用性也不可或缺。西摩·佩珀特曾言语言应用的流畅性是一种能够让我们在不同世界中既能够自由穿梭，又能够运用所学的一种技能，好比当一个人精通计算机编程时，既可以创建许多不同的项目，又能够快速学习新的编程语言——总而言之，千淘万漉虽辛苦，吹尽黄沙始到金。

编程会过时吗？

书面语言和编程语言都提供了一种物质手段，借助永久性或半永久性的媒介来表达一套成体系的符号，并对其进行编译。这个过程或通过触觉，或体现为文本，或基于图标性的界面。文本方式众所周知；触觉感知既能被转化为以盲文为代表的书面形式，也能转化为以 KIBO 的有形木块为代表的编程形式。

今天，我们将编程和程序设计语言混为一谈，但情况却并非一成不变。最早的计算机依靠工程而非代码进行编程。维伊描述了这一过程：

于 1944 年完成的哈佛大学 Mark I 是通过开关电路或插入真空管进行编程的。每个新计算都需要重启机器，从而使计算机成为适于每种新计算情况的专用机器。随着 1945 年"存储程序概念"的发展，人们才可以通过存储数据的方式在存储器中存储计算机程序。虽然事后看来很简单，但这种设计确是启发性的——它将"程序设计"的概念从物理工程转变为符号表征。程序设计意味着熟练应用代码，而代码也成为写作体系中的一种符号文本。通过这种方式，计算机成为了一门同时应用写作和工程的技术。

然而，许多人认为编程很快就会过时，因为计算机迟早会用自然语言来理解我们的想法（i.e., Maney, 2014）。无论这种看法是真是假，为计算机下达指令时所需的逻辑、排序、解构和解决问题的能力对人们而言仍是刚需。

距离完备的人工智能机器问世仍有很长的一段路要走，仍需要人类进行大量的思考。因此，编程是否会过时并非焦点，抛开编程系统或编程语言的具体细节，如何支持编程思维的发展才是问题所在。

编程思维始于这样一个问题——如何像一本食谱一样，将大型任务"拆解"为一系列有逻辑的小问题加以解决呢？编程语言并非发展编程思维的唯一方式，其他无障碍的交流方式也能做到这一点，比如流行的棋盘游戏《机器乌龟》（*Robot Turtles*）。该产品发布于 2013 年，专为 3 ~ 8 岁的幼儿设计，目的是帮助他们在玩传统的回合制棋盘游戏时能以编程的方式来思考。如果没有编程语言，甚至没有计算机，小玩家如何以编程的方式思考呢？在《机器乌龟》中，玩家可以使用各种各样诸如冰墙、货箱和石墙的"障碍卡"在棋盘上建造迷宫，而他们的海龟需要穿越重围才能找到各自的珠宝。孩子们把他们的乌龟放在游戏板的角落里，而把珠宝放在迷宫中的另一个地方。他们会轮流获得一张指示卡（例如，向右转，向左转，向前移动）来引导他们的乌龟越过障碍物。谁的乌龟找到珠宝谁就获胜。如果他们在任何时候犯了错误（一个奇思妙想的卡通错误，也代表代码中的"错误"或问题），他们只需点击错误卡进行修复和更改（参见图 3.1）。因为每场比赛的目标都是找到自己的珠宝，每个玩家都可以找到自己的获胜方式。因此，孩子们实现目标、成功解决问题的路径并不唯一。

孩子们在玩游戏遇到的强大理念会触及编程思维的核心，如有序排除故障、将大问题分解为小步骤、规划和测试策略等。我会在第 6 章对此进行深入探讨。我在塔夫斯大学 DevTech 研究小组的工作中还使用低技术策略来发展编程思维：唱歌跳舞、纸牌游戏、宾果游戏和"我说你做"游戏（Simon Says）。任何鼓励排序和解决问题的方法都是编程思维的先导。

图 3.1 四人棋盘游戏《机器乌龟》

此外，软件和应用程序也被应用于鼓励编程思维的发展，例如 Lightbot 这个颇受好评的教育类电子游戏（https://lightbot.com/）。该游戏也利用了导航迷宫的想法。玩家在屏幕上排列符号，以指示 Lightbot 行走、转弯、跳跃、开灯等，迷宫和符号列表随着游戏的进行将会愈加复杂。

然而，虽然这类软件在计算机上运行，也在促进编程思维的发展，但孩子们并不能通过这种方式体验程序设计的全部。它侧重于解决问题而非表达思想；它有助于探索编程概念但却极其有限；它不支持创意项目……它是一种围栏，而非乐园。它发挥着围栏的功能（即练习技能、掌握离散概念、隔离技能），无法与游乐园及其开放程度相提并论。

编程语言可以成为儿童编程的乐园。如果编程语言以适应儿童发展为初衷进行设计，寓教于乐，孩子们的编程思维就会得到发展。但是，他们需要学习编程语言的语法和句法来流畅使用这种语言——就像用西班牙语、英语或希伯来语进行写作一样，如果我们能够流畅地使用语言进行自我表达和交流，那么具体选择哪种语言并不重要。同样，如果能够流畅地使用编程语言，那么这种语言就能够支持个人表达和彼此沟通。只有经过不断尝试解决问题，才能锤炼出流畅的技术。在我的方法中，解决问题并非教授编程语言或发展编程思维的目标，而只是一个让其他人可以看到和理解我们是谁、我们正在做什么的必要环节。

幼儿编程语言

孩子们需要专门为他们设计的编程语言，以符合其发展需求和能力阶段。本书的第三部分将对此进行深入探讨。这些语言一方面必须简单易学，另一方面又要"麻雀虽小，五脏俱全"——支持多种组合、具有语法和句法、提供多种方法来解决问题；必须是游乐园，而不是围栏；能够提供创造共享作品的机会，满足从初学者晋升到专家的提升编程读写技能的需求。熟练掌握某种编程语言的孩子在学习另一种编程语言时轻而易举。这样的孩子可能掌握了编程思维的某些方面的特性，并且能够触类旁通。

在过去几年中，几种专门为幼儿设计的编程语言和机器人系统已经上市。我亲自参与了针对于 ScratchJr 和 KIBO 的相关调研。本书第 9 章和第 10 章将对其进行深入解读。小插图贯穿本书，用于展现儿童在不同阶段的不同经历。此处的小插图呈现了幼儿在学习和使用其他工具时的情景，也反映了他们接触拥有强大理念的计算机科学和编程思维的方式与过程。

借助 Daisy，解密控制结构

肖恩（Sean）的妈妈希望他在家里使用 iPad 练习编程，于是下载了应用软件"恐龙黛西"（Daisy the Dinosaur），殊不知肖恩在一年级课堂上已使用数周。恐龙黛西是一个免费的应用程序，它的主角是一个名为黛西（Daisy）的绿粉色恐龙，孩子们可以在屏幕上随意移动黛西（daisythedinosaur.com）来了解程序设计的奥妙。黛西有两种编程模式：结构化挑战模式和自由娱乐模式。与 ScratchJr 一样，这款应用程序配有轻松有趣的图形，很能吸引小孩子。它的指令不多，所以孩子们可以立刻投入编程之中。孩子们通过编程来使黛西完成简单的动作，包括移动、旋转、跳跃和打滚，从而探索编程的基础程序设计；当然，孩子们也可以使用黛西的"时间"（When）和"重复"（Repeat）命令进行高级程序设计。恐龙黛西与 ScratchJr 之间的一个主要区别是：ScratchJr 的编程模块是图形化的，不需要识字；但恐龙黛西需要在每个编程模块中认识诸如"转向"和"缩小"之类的简单词语。

起初，肖恩的妈妈将应用程序设置为"挑战模式"，她想知道肖恩的编程能力到达了什么程度。由于肖恩已经在学校完成了大部分挑战，他很快就通关了，并向妈妈表示已经做好开始"自由娱乐"模式的准备了。娱乐模式中，他可以让黛西做任何事情——旋转、走动、成长、在屏幕上缩小。因为使用恐龙黛西，尤其是涉及编程模块时需要阅读一些文字，所以肖恩的妈妈和他坐在一起来帮他认识新词，直到最后肖恩能够独立操作。

大约 15 分钟后，肖恩说他设计了一个神奇的小程序，肖恩的妈妈喜出望外。肖恩说道："我是魔术师，我可以让我的恐龙黛西变成一条超级巨龙！""你是怎么做到的？"他的妈妈疑惑不解。"动动手指，念个咒语就行啦！"肖恩回答道。"Ab-racadabra！"，肖恩边说边点击黛西，黛西就变成了一只巨龙。"看到了吗？"他自豪地说，炫耀着他的小魔术。"我刚刚学会了这个名为'时间'的新模块，而黛西只有在我点击它时才会长大，我们在学校还没有学到这。"肖恩不仅有强大的想象力，而且在闲暇时间只需要玩耍和探索就能掌握一个新概念，他的妈妈为此折服。

肖恩逐渐开始接触控制结构。他正在学习如何根据 iPad 的状态来控制黛西什么时候以及是否需要做什么事——这是计算机科学中一个非常强大的概念。他向妈妈展示了如何通过触摸黛西甚至摇动 iPad 来启动程序。肖恩迫不及待地想告诉同学们自己学到的新模块！

用 Bee 进行排序设计

五岁的苏西（Suzy）还在上幼儿园，但她对迷宫游戏情有独钟。自由活动时她会在纸上为她的朋友绘制迷宫或是阅读一些有关迷宫探索的书籍。周二早上，苏西的老师麦金农（McKinnon）太太让大家围坐在一起，给大家带来了一个惊喜——她展示了一个名为 BeeBot 的新朋友！ BeeBot 是一个类似黄黑色大黄蜂的机器人（www.beebot.us）。它背面设有方向键，能够输入不超过 40 个命令，包括向前、向后、向左和向右移动，只要按下绿色的 Go 按钮即可启动 BeeBot。麦金农太太为孩子们演示了如何操作 BeeBot 并告诉孩子，在自由活动期间，她会邀请一个孩子共同完成对 BeeBot 的程序设计，使它能够在彩色地板图上沿着小路行动。

晚些时候的自由活动时间，老师麦金农太太邀请了还沉迷在涂鸦迷宫中的苏西一起玩 BeeBot。她不情愿地放下画笔和老师一起坐在了地板上。麦金农太太向苏西介绍了 BeeBot 背面的不同按钮分别代表向前、向后、右转和左转，接着又向苏西展示了在按照正确的顺序按下按钮后，BeeBot 能够在地图上沿着小路移动。接下来，她按下"启动"按钮将程序发送到 BeeBot 并让苏西也试一试。

"看，这是一张学校地图，"麦金农太太在地板上给苏西展示了一张巨大的方形地图，其中标有音乐教室、自助餐厅和图书馆等不同的地方。"试着让 BeeBot 走到音乐教室去怎么样？"苏西按了几下"前进"按钮，然后按下"启动"按钮。她看着 BeeBot 沿着地图向前走去。"哦，不！"苏西说道。"为什么 BeeBot 会径直走到健身房呢？"麦金农太太让苏西仔细看看地图，然后再对机器人进行编程，让它沿着设定的路径行走。"想象一下，这张地图是一个迷宫，BeeBot 需要到音乐教室才能走出迷宫。"麦金农太太说道。"BeeBot 需要转弯吗？什么时候？认真想想指令的顺序。"

突然之间，编程过程对苏西变得意义重大。她需要通过按下背面的不同按钮，告诉 BeeBot 采取一系列有序步骤进入音乐教室。她向 BeeBot 一条一条地发布指令，而非直接发送一个长长的完整程序。与 KIBO 不同，由于 BeeBot 没有为儿童提供回看程序指令的方式，苏西没法记得所有必要的步骤。在老师的帮助下，苏西试出了一些不同的解决策略，例如将大型任务分解为简单易操的小单元，每次只需对 BeeBot 编程一两步即可。最终，BeeBot 成功进入了音乐教室。"BeeBot 做到了！"苏西高兴地欢呼起来。这个彩色的机器人让她破解迷宫的快乐变得活灵活现，于是她用了更多的时间引导 BeeBot 在不同楼层的地图上移动。第二天，当麦金农太太邀请她再次与 BeeBot 玩耍时，苏西拒绝了："我已经破解了所有的迷宫。"由此麦金农太太鼓励苏西为自己和同学继续设计新的 BeeBot 迷宫。

会画画的小乌龟

　　辛迪还在上幼儿园,她刚开始学习拼写一些简单的词汇。虽然从未使用计算机或键盘,但能和其他小朋友一起参观计算机实验室还是让她感到非常激动。她喜欢在电脑课上玩游戏,但是老师桑托斯女士说今天大家将要在计算机实验室学习如何编程。"程序就是一个指令列表,可以让你在屏幕上做一些事情"她说。桑托斯女士向孩子们展示了如何使用 Kinderlogo 进行编程。这个版本的 LOGO 允许幼儿使用字母而非单词下达指令,在计算机屏幕上移动"小乌龟"图形,进而自由地探索编程的奥秘。与更复杂的语言(包括其他版本的 LOGO)不同,Kinderlogo 对于像辛迪这样还在咿呀学语的儿童来说更简单——点击按键就能移动乌龟。他们无须拼写和输入诸如"前进"、"向右"、"向左"等长指令。桑托斯女士向孩子们演示 F、L、R 键分别能够使小乌龟前进、左转和右转。当小乌龟移动时会同步在屏幕上绘制轨迹,孩子们很开心能够看到如何通过对小乌龟编程来画出不同的图形!

　　桑托斯女士要求孩子们自己对小乌龟进行编程来画出他们最喜欢的图形。辛迪知道按下相应的按键能够控制小乌龟前进的方向。但由于很少使用键盘,她常常找不到对应的字母键。为了对小乌龟进行编程,她需要解决很多问题:记住键盘上的每个按键与小乌龟的动作之间的对应关系;找出绘制图形的正确顺序;在学习字母表和打字的同时定位所需要的字母。对于辛迪来说,这个过程让她十分沮丧,因为她只能在键盘上找到 F 键。

　　桑托斯女士看到了辛迪的窘境。她坐在辛迪身边,陪她一同承担挫败感。她很快意识到辛迪理解编程的概念和需要采取的步骤,只是在使用键盘时遇到了困难。于是,她在 F 键、L 键和 R 键上贴了彩色贴纸,让辛迪能够轻松找到它们。现在,辛迪可以专注于思考创建图形的指令应该怎样排序。如果辛迪想要画出她最喜欢的正方形，首先要绘制出一条直线，然后反复添加新的直线，尝试不同的转弯命令直到绘制成功。她得经常停下来修正错误，甚至有两次想要重新编程。计算机课结束前，她终于在屏幕上画出了一个正方形。"看！桑托斯女士！看！我用小乌龟画出了一个正方形！"辛迪骄傲地向桑托斯女士展示她的成果。桑托斯女士帮她保存了程序和正方形的截图，这样她就可以将它们打印出来并带回家了。当辛迪拿到打印文件时，桑托斯女士提到了她今天在课堂上付出的巨大努力，叮嘱她不仅要向父母展示小正方形，更要展示她的编程程序。辛迪点头说道她已经制订好了下次使用 Kinderlogo 的计划："下一次，我将尝试对小乌龟进行编程来画出我的全名。"桑托斯女士闻后微笑着鼓励她找出藏在她名字中的不同图形。

肖恩、苏西和辛迪在不同的编程环境投身于同样的编程思维之中。他们探索着编程思维的美妙之处。更为重要的是，这个过程寓教于乐，孩子们以趣味的方式参与到编程中来。我们在下一章将探讨：在童年的早期阶段，游戏会对编程产生怎样的影响。

参考文献：

BeeBot Home Page. (n.d). Retrieved November 17, 2016, from www.beebot.us/

Biggs, J. (2013). LightBot teaches computer science with a cute little robot and some symbol based programming. *Tech Crunch*. Retrieved from https://techcrunch.com/2013/06 /26/lightbotteachescomputersciencewithacutelittlerobotandsomesymbolbasedprogramming/

Daisy the Dinosaur on the App Store. (n.d). Retrieved November 17, 2016, from www.daisythedinosaur.com/

Eaton, K. (2014). Programming apps teach the basics of code. *The New York Times*. Retrieved from www.nytimes.com/2014/08/28/technology/personaltech/getcrackingonlearningco mputercode.html

Lightbot. (n.d). Retrieved November 17, 2016, from http://lightbot.com/

Maney, K. (2014). Computer programming is a dying art. Newsweek. Retrieved from www.newsweek.com/2014/06/06/computerprogrammingdyin gart252618.html

Shapiro, D. (2015). *Hot seat: The startup CEO guidebook*. New York: O'Reilly Media, Inc.

Vee, A. (2013). Understanding computer programming as a literacy. *Literacy in Composition Studies*, 1(2), 42 - 64.

4 | 享受编程之趣

　　如果能够以有趣的方式教授编程，编程本身也会成为一种乐趣。针对幼儿的研究表明，游戏是孩子学习的良好方法（Fromberg & Gullo, 1992; Fromberg, 1990; Garvey, 1977）。游戏是一个帮助孩子发展想象力、智力、语言能力、社交能力和运动感知能力的工具（Frost, 1992）。要以真正有趣的方式将计算机科学和计算思维引入幼儿教育之中——"编程乐园"不仅是一种可能，更是一种必然。

　　虽然学界对游戏的定义丰富多样（e.g., Csikszentmihalyi, 1981; Scarlett, 2005; SuttonSmith, 2009），但人们无须成为研究游戏的专家。让我们用一种通俗易懂的方式定义"游戏"——游戏是一项能够让孩子们愉悦心情、运用想象力并得到鼓舞的活动，它使孩子们沉浸其中无法自拔。作为用"编程乐园"法教幼儿编程的专业人士，我们见证了孩子们如何废寝忘食地"工作"——玩中做、做中学。

　　游戏能促进语言发展，增进社交能力、创新力、想象力和思维能力（Fromberg & Gullo, 1992）。弗龙博格（1990）提出游戏是"人类经验的最终整合者"。孩子们在玩耍时会以曾有的经历为参考，将自己或他人所做所见之事和从书籍或媒体所闻所感之情融入游戏和游戏场景中，来表达恐惧，传递感受。我们能够通过观察孩子们玩游戏的过程来更好地增进对他们的了解。

　　和游戏一样，编程同样是"经验整合者"。5 岁的玛丽（Mary）使用 ScartchJr

制作了一部描绘青蛙生命周期的动画；6 岁的斯蒂芬妮（Stephanie）爱好写作，并制作了一个向小孩子教授字母的游戏；6 岁的泽维尔（Xavier）在了解有关栖息地的信息之后，将 KIBO 变成了一只不爱见光的蝙蝠；克莱尔（Claire）让她的 KIBO 机器人用多姿多彩的图案来开闭它的灯光。在这些例子中，孩子们将自己各方面的知识储备融入编程，比如数学、科学、文学、生物学、计算机科学和机器人学。

他们还会制作与他人共享的项目。教师们通过观察这些项目的创建过程可以获益良多。那些帮助教育者理解儿童学习过程的线索不仅潜藏在最终产品中，更是贯穿于整个制作过程之中。教学的精髓在于认识这一过程、命名不同的环节、应对不期而遇的挑战并提供所需的高水准平台。

当采用趣味方法教授编程时，孩子们不会顾忌犯错。毕竟，游戏的要义就是娱乐。有些游戏不分胜负，因为很多时候成败不定。比如，在玩扮演游戏时，所有的事物都不再是其本身——盒子变身城堡，棍子充当利剑，孩子们则假扮超级英雄和怪物。幼儿时期的扮演游戏可以提高孩子认知的灵活性，最终提高创新力（Russ, 2004; Singer & Singer, 2005）。

特米哈伊是一位致力于研究蕴含在众多事物中创新力的专家（1981），他将游戏描述为"生活的一个部分……不必顾及后果便可付诸实践"。"编程乐园"法提供了与此相似的机遇：它看起来与传统的计算机科学课程不同。传统课程中学生需要在有限时间内应对挑战或解决问题，而我在本书中提出的方法对试错产生的任何结果都张开怀抱。一切皆是学习，一切皆是经历。

游 戏 理 论

经典的儿童发展理论家已经解决了游戏问题。皮亚杰观察到以下三个主要阶段：1）婴儿早期到晚期：无象征性的练习性游戏；2）幼儿时期：扮演游戏及象征性游戏；3）童年时期：有规则的游戏。皮亚杰归纳的发展体系基于游戏结构而非内容的变化，它反映了儿童象征性思维的发展（Scarlett，2005）。儿童编程语言引入了语法和句法规则，但仍保持扮演游戏开放性的天然特质。

传统的皮亚杰理论认为，游戏本身不是构建新的认知结构的必然结构。皮亚杰认为，游戏只是为了娱乐，可以"温故"但并不一定能"知新"。在皮亚杰的理论中，游戏"充分展现但极少推动发展过程中的象征性思维"。维果斯基等其他理论家则不以为然，他们认为，理论上游戏驱动了认知发展。对于维果斯基而言，扮演游戏能够推动象征性思维和自我约束力的发展（Berk & Meyers，2013；Vygotsky，1966；Vygotsky，1978）。

我不是一个研究游戏的学者，但几十年间，我一直对"编程乐园"法进行观察，也能够举出几百个反映孩子们学习新鲜事物的例子——仅仅通过玩编程块中嵌入的不同程序指令即可。比如，孩子们通过安装和运行新的编程块就能学习到：在ScratchJr 中只需把虚拟角色转动 12 次就能使其翻转一圈。此外，我还见证过他们通过在屏幕上四处点击来探索将新页面插入程序之中的方法，从而无意间掌握了如何用应用程序来讲述"大部头故事"的技能。在我的观察中，在孩子们问出"这个程序块是做什么的"这个问题之前，他们已经通过实际操作找到了答案。

孩子们在遇到简单概念（例如运动中涉及的概念）时自己常常会对 ScratchJr中的新指令进行探索和尝试；而面对那些很复杂的概念时，孩子们还是要需要老师的教授。例如，在 ScratchJr 中，复杂的概念和编程块通常用来通信。通信编程块允许角色相互沟通，当一个虚拟角色收到另一个角色的"消息"时会在行为上有所反应（参见图 4.1）。教师们通过对实际情况的类比帮助孩子理解这个抽象概念：如果一个孩子给朋友寄信，那么他的朋友怎样了解到信件内容呢？他们其中一个收到消息后会打开信封并回信，另一个也打开信封并读取，从而轮流开启通信通道。ScratchJr 中的消息传递中也是如此，孩子们通过想象与朋友通信的情境来理解如何通过编程块来使彼此的角色对话和游戏。

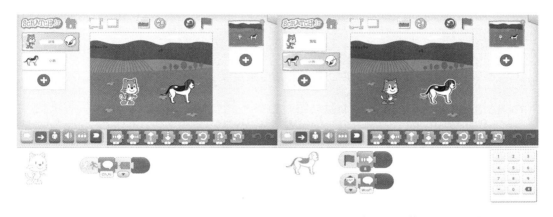

图 4.1 *此图显示出如何使用 ScratchJr 的通信编程块使两个角色相互靠近并进行对话。在此示例中，小猫和小狗的角色互相交谈。在小狗向小猫移动（八步）并碰到对方后，小猫说"嗨"并发出橙色的信息信封。接下来，小狗收到橙色信息并回复"汪汪"。结果是两个角色之间进行了一次短暂的对话。*

我也看到孩子们边讲故事边做玩扮演游戏。他们分别扮演动物和宇航员，并使用 ScratchJr 图片编辑器将自己的照片插入到程序中，既当导演，又做演员；我也看到过孩子们和他们的 KIBO 机器人玩换装游戏，他们仿佛像玩洋娃娃和毛绒动物一样沉浸在想象的世界中。不过和洋娃娃不同，孩子们能够通过编程，让 KIBO 用声音和动作来进行回应。

允许孩子以趣味方式自由发现新事物的教学方法展现出了卓有成效的学习成果。我进行了一项研究，参与者是来自全美不同学校的 200 多名幼儿园大班至小学二年级学生和 6 名教育工作者。我们要求教师以他们青睐的方式教授 ScratchJr 课程，并为学生进行名为 Solvelts 的标准化编程评估（Strawhacker & Bers, 2015; Strawhacker, Lee, & Bers, 2017）。这些评估主要测评诸如调试、逆向思维之类的基础编程思维能力。此外，教师们还通过一项调查确定了各自的教学风格。研究发现，"正式而权威的"教学风格主要倾向教授孩子们正确、容易接受和标准化的行事方式，与学生在 Solvelts 编程评估中几乎每个问题的较低分数呈现出相关性。相比之下，得分最高的学生表现出"个人模范"的风格，这意味着他们正通过实例、实践的趣味教学方式进行学习。

这些结果与前期研究吻合。研究表明，如果编程含有主动性的游戏内容，那么它在增强孩子的执行能力和自我约束力方面可能会更为有效（Shaheen, 2014）。实例表明，当孩子们有机会、有工具，用"编程乐园"法进行编程时，数字游戏更能够改善他们高阶的思维能力。美国儿科学会最近发布的一份政策声明指出，"高阶思维能力和执行力对于孩子们在学校的成功至关重要，这些能力具体而言就是持之以恒、克制冲动、调节情绪和灵活的创新思维。发展这种能力最好的方式则是非结构化、社交（非数字）游戏和积极的亲子互动"（American Academy of Pediatrics, 2016）。然而，这种方法却没有意识到，无论何种类型的游戏、无论是不是数字游戏，都是非结构性的、社交型的，都包含着有趣的互动。

身体的作用

屏幕上的编程环境（例如 ScrathJr）为身体力行的游戏提供的可能性非常有限，但研究表明，通过运动或"知觉学习"有助于获得更好的结果。西摩·佩珀特在他的著作《头脑风暴》中称其为"共振学习法"——儿童使用自己的身体来探索几何的 LOGO Turtle。

认知科学家使用"具身认知"一词来描述有机体的身体、运动和感官能力如何决定其思考方式和内容。例如，乔治·莱考夫（George Lakoff）和马克·约翰逊（Mark Johnson）关于隐喻的研究表明，人类能够从身体上感受到上、下、前、后等，因而理解空间方向的基本概念。

全新实体界面和智能物体的激增使身体感受重新成为学习体验的组成部分，为编程提供了新机遇。为了让孩子们健康成长，这些新工具让他们投身于有利于神经、肌肉协调发展的运动之中，进而提高了综合运动能力的发展水平。

诸如 KIBO 等工具的设计宗旨在于通过涵盖各类运动游戏、锻炼和发展全方位和高层次的运动能力来将"编程乐园"法引入程序设计中。例如，我们通常会看到孩子们与他们的 KIBO 一起跳舞、参与机器人游行、穿越迷宫等。此外，由于他们倾向于大多在地板上测试他们的 KIBO（它们从桌子上跌落的风险极大），孩子们需要不断跑去选取不同的机器人部件，并在来回的路上和同伴们交流。

与他人一起编程对于孩子来说不仅是一种团队合作，也是一种社交实践。这涉及其协作能力和社交表达能力的发展，而这两者恰恰是组间或组内谈判协商、解决问题、互相分享和团体协作的必需要素（Erickson, 1985; Pellegrini & Smith, 1998; McElwain & Volling, 2005）。后文中将讲到，"编程乐园"法利用"我说你做（Simon Says）"等社交游戏来教授孩子们编程语言的句法。

总而言之，"编程乐园"法将游戏引入了计算机科学和编程思维的教学之中。如果我们认为早期儿童教育必须充分认识游戏对于发展的重要性，那么我们也需要将所知全部运用到编程教学之中，这一方法在学习排序和算法的教学中也大有所为。

编程的经历可以更像游戏而非挑战，或者更像构拟故事而非解决问题。传统 STEM 学科融合的教学方法将某些孩子拒之门外，这种趣味性十足的方法却为这个群体打开了一扇新窗。例如，传统上女性和少数群体在工程和计算机科学等技术领域中不具代表性（Wittemyer, McAllister, Faulkner, McClard, & Gill, 2014），但是这种实用有趣又新颖的方法可以涵盖这一群体。我们应当对游戏在幼儿阶段的益处视若珍宝，这或许是我们为推动计算机科学和编程思维走向大众所作出的重要贡献。

参考文献：

American Academy of Pediatrics. (2016). Media and young minds. *Pediatrics, 138(*5). doi: 10.1542/peds.2016-2591, 1 - 8.

Berk, L. E., & Meyers, A. B. (2013). The role of make-believe play in the development of executive function: Status of research and future directions. *American Journal of Play*, 6(1), 9 8.

Byers, J. A., & Walker, C. (1995). Refining the motor training hypothesis for the evolution of play. *American Naturalist*, 146(1), 25 - 40.

Csikszentmihalyi, M. (1981). Some paradoxes in the definition of play. In A. T. Cheska (Ed.), *Play as context* (pp. 14 - 26). West Point, NY: Leisure Press.

Dennison, P. E., & Dennison, G. (1986). *Brain gym: Simple activities for whole brain learning*. Glendale, CA: EduKinesthetics, Inc.

Erickson, R. J. (1985). Play contributes to the full emotional development of the child. *Education*, 105, 261 - 263.

Fromberg, D. P. (1990). Play issues in early childhood education. In C. Seedfeldt (Ed.), *Continuing issues in early childhood education* (pp. 223 - 243). Columbus, OH: Merrill.

Fromberg, D. P., & Gullo, D. F. (1992). Perspectives on children. In L. R. Williams & D. P. Fromberg (Eds.), *Encyclopedia of early childhood education* (pp. 191 - 194). New York: Garland Publishing, Inc.

Frost, J. L. (1992). *Play and playscapes*. Albany, NY: Delmar, G.

Garvey, C. (1977). *Play*. Cambridge, MA: Harvard University Press.

Johnsen, E. P., & Christie, J. F. (1986). Pretend play and logical operations. In K. Blanchard (Ed.), *The many faces of play* (pp. 50 - 58). Champaign, IL: Human Kinetics.

Lakoff, G., & Johnson, M. (1980). Metaphors we live by Chicago. Chicago University.

McElwain, E. L., & Volling, B. L. (2005). Preschool children's interactions with friends and older siblings: Relationship specificity and joint contributions to problem behaviors. *Journal of Family Psychology*, 19, 486 - 496.

Papert, S. (1980). Mindstorms: *Children, computers, and powerful ideas*. New York: Basic Books, Inc.

Pellegrini, A., & Smith, P. (1998). Physical activity play: The nature and function of a neglected aspect of play. *Child Development, 69*(3), 577 - 598.

Piaget, J. (1962). *Play, dreams, and imitation in childhood*. New York: W. W. Norton & Co.

Russ, S. W. (2004). Play in child development and psychotherapy. Mahwah, NJ: Earlbaum.

Scarlett, W. G., N audeau, S., Ponte, I., & Salonius-Pasternak, D. (2005). *Children's play*. Thousand Oaks, CA: Sage Publications.

Shaheen, S. (2014). How child's play impacts executive function— Related behaviors. *Applied Neuropsychology: Child, 3*(3), 182 - 187.

Singer, D. G., & Singer, J. L. (2005). *Imagination and play in the electronic age*. Cambridge, MA: Harvard University Press.

Strawhacker, A. L., & Bers, M. U. (2015). "I want my robot to look for food" : Comparing children's programming comprehension using tangible, graphical, and hybrid user interfaces. *International Journal of Technology and Design Education*, 25(3), 293 - 319.

Strawhacker, A. L., Lee, M.S.C., & Bers, M. (2017). Teaching tools, teacher's rules: Exploring the impact of teaching styles on young children's programming knowledge in ScratchJr. *The International Journal of Technology and Design Education*. doi: 10.1007/s10798-017-9400-9

SuttonSmith, B. (2009). *The ambiguity of play*. Cambridge, MA: Harvard University Press.

Vygotsky, L. (1966). Play and its role in the mental development of the child. *Soviet Psychology*, 5(3), 6 - 18.

Vygotsky, L. (1978). *Mind in society: The development of higher psychological processes*. Cambridge, MA: Harvard University Press.

Wittemyer, R., McAllister, B., Faulkner, S., McClard, A., & Gill, K.(2014). MakeHers: *Engaging girls and women in technology through making, creating, and inventing*. (Report No. 1). Retrieved from Intel Corporation, https://www.intel.com/content/dam/www/public/us/en/documents/reports/makers-report-girls-women.pdf

第 2 部分

编程思维

5 | **关于编程思维的思考**

7 岁的小女孩麦迪逊（Madison）在学校和家中学习 ScratchJr 编程已有一年时间。麦迪逊每开始一个新项目都会大声宣布计划，并随项目的进展增加新的角色和动作。她告诉同学们自己正打算制作一个有关篮球的游戏，篮球是她最喜欢的项目。在使用涵盖各种可用场景的 ScratchJr 图库时，她描述了自己的设计蓝图："我的设计里有篮球队员、欢呼的人群和一条龙。我要把龙放在体育馆里，但旁边一定要摆上零食架。"麦迪逊进入 ScratchJr 的绘图编辑器，在体育馆背景的角落画了一个矩形，用以表示零食架的位置。

接下来，麦迪逊为她的项目添加了近十个角色，有的是从角色库中选择的，有的是她自己画的。她阐述自己设计理念过程的同时也表现了她对编程工具的理解："我希望小猫将球传给女孩。因此，为了使篮球能够前进，我必须对其轨迹进行编程。"显然，麦迪逊知道 ScratchJr 并不是魔术——每种角色都有众多可能性，但实际上它们只会展现出编程中存在的那部分，具体是什么则由麦迪逊说了算。因此，为了让角色执行所需的操作，麦迪逊必须以正确的顺序使用编程块。

随后，麦迪逊希望被自己涂成紫色的猫完成运球、跳跃和投篮。这需要麦迪逊掌握其中蕴含的排序原则和因果关系。此外，如果角色做出与预期不符的事，麦迪逊还需要了解了解具体的调试过程。麦迪逊计划将这只猫右移五次使其进入投篮圈，然后做出跳跃的动作。篮球的程序则比较烦琐：一开始，她将其编程为向右移动、跳动，不断循环这一过程。但这种运动效果十分僵硬，和真正的运球相去甚远。"不！我要拍着球向前！"麦迪逊感叹道。尝试了几种不同的组合后，她终于取得了突破："太酷了！两个程序可以同时运行！"她设置了两个独立的程序，一个负责让篮球右移，另一个负责跳跃（见图5.1）。

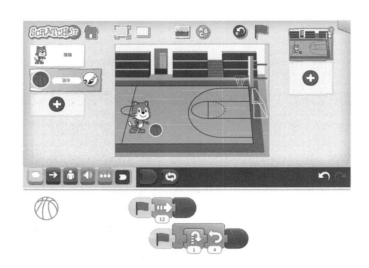

图 5.1　*此图显示了麦迪逊的篮球运球程序。她设置了两个程序，均从绿旗位置出发：
1）第一个程序让球在屏幕上向前移动，2）第二个程序让球上下跳动。*

为了能够创建一个有逻辑的程序序列，麦迪逊通过分解球的动作，不断调试程序，从而提高了解决问题的能力。球成功入网，为紫猫赢得了赛点。随之而来的是一群小动物模样的粉丝以麦迪逊预录的声音助威加油。麦迪逊带着自豪的微笑，向大家展示这一杰作。

在研究项目时，麦迪逊探索了许多强大理念，包括排序、调试、模块化和设计等，而这些都是编程思维的核心概念。本章将聚焦于该领域中日益增多的文献和建议，其中大多数都将编程思维定义为解决问题的过程，但我所提出的方法却超越了这一概念的范畴，将编程思维视为表达的过程。麦迪逊的确在制作篮球比赛的过程中解决了众多问题，但她也同时在讲述一个故事——一只猫成功运球投篮，小动物球迷们欢呼喝彩。讲述一个与自己最钟爱的运动有关的故事是麦迪逊编写该程序的初衷，也正是这一点赋予了她迎接挑战、解决问题的勇气。

在 20 世纪 60 年代，以 ALGOL 和该学科的创始人之一而闻名的计算机科学家阿朗·佩利（Alan Perlis）认为，编程和"计算理论"是所有大学生的必修课。鉴于当时的计算机体积庞大，前途也不甚明朗，这一见解在当年一石激起千层浪。佩利不仅领导方兴未艾的计算机科学领域成为一门真正的独立学科，也在担任计算机协会（ACM）主席期间成立了第一届计算机协会计算机科学课程委员会，他坚信每个人都会从编程学习中受益匪浅。在《编程简论》（*Epigrams in Programming*）中，佩利写道："如果我们从孩童时期就开始编写程序，那么成年的时候就能读懂它们了"。这一论断立足于他的个人信念，即"编程概念能被绝大多数人轻松理解，但编程实践却是他们不可能完成的任务"。

佩利所称的"编程概念"非常接近当下我们对编程思维的理解。虽然佩利不是一位发展学家或早教学家，但他可能知道，只要方法得当，幼儿也能够掌握排序、模式、模块化、因果关系和解决问题等概念。与此同时，西摩·佩珀特正在忙于探索如何创建一种可供儿童使用的编程语言，因此正如佩利所说——编程实践并非天方夜谭。

用于表达的编程思维

在与皮亚杰合作所得的基础上，佩珀特与沃利·费尔泽格（Wally Feurzeig）等人合作创建了 LOGO——第一种专为儿童设计的编程语言，旨在帮助他们以全新的编程方式进行思考。"编程思维"一词便源于这一前无古人的工作，它有双重意义——既要以算法的方式解决问题，又要发展技术的流畅性。只有能够理解计算机运行方式的孩子才能使计算机物尽其用，以最流畅的方法表达自己的思想。

佩珀特选择"流畅性"一词的目的非常明确，它清晰地指向了编程语言。流畅掌握一门语言的人可以用它来背诗、写学术论文，或是在聚会上吐露心声。流畅掌握编程语言的人则能够用计算机制作动画、撰写演讲、建模或编程机器人。与学习第二语言一样，流畅性需要日积月累的积淀、艰苦卓绝的努力和源源不断的激励。

无论是语言还是编程，对于个人而言，表达上创新性的形成标志着技能上流畅性的实现。在使用编程语言（LOGO、ScratchJr、KIBO 或任何其他编程语言）的过程中，人们要学习以不同的方式思考。西摩·佩珀特的编程思维不仅涉及解决问题，也涵盖了"表达"的概念。由此，在命名上，我用"用于表达的编程思维"这一比喻取代传统的"用于解决问题的编程思维"。

编程思维的概念可谓兼容并包，它包括一系列分析和解决问题的技能、倾向、习惯和方法。虽然它们根植于计算机领域，但其受众却极为广泛（Barr & Stephenson, 2011; International Society for Technology Education & The Computer Science Teachers Association, 2011; Lee et al., 2011）。2006 年，周以真（Jeannette Wing）在《计算机协会通讯》上发表了一篇具有影响力的文章《编程思维》，引起了美国各地的许多研究人员、计算机科学家和教育工作者的关注。珍妮特在文中写道，编程思维虽然是一项植根于计算机科学领域的解决问题之技，但它所蕴含的普适性使其理应成为每个孩子分析能力的组成部分之一。

在珍妮特的文章中，编程思维有着如下定义：人类通过借鉴计算机科学的基本概念来解决问题、设计系统和理解人类行为。编程思维涵盖计算机科学领域固有的一系列心理工具，具体包括：递归性思考、在计算复杂任务时使用抽象概念、使用启发式推理来寻找解决方案。

编程思维代表了一种分析思维，它与数学思维（问题解决）、工程思维（设计和评估过程）以及科学思维（系统分析）有共通之处。珍妮特认为，虽然编程思维指导下的具体实践植根于计算机科学，编程思维却与每个人息息相关："它代表了一种普适的态度和技能，每个人都应渴望学习和使用它，而不仅仅是计算机科学家。"（Wing，2006，第33页）。珍妮特能够肯定，正如印刷机促进了"3R"（阅读、写作和算术）的传播那样，计算机促进了编程思维的传播。

许多研究人员和教育工作者都引用了这篇发表于2006年的《实践的召唤》。它鼓励向准大学生和非计算机科学专业教授编程思维。西摩·佩珀特在20世纪80年代初提出的编程学习的重要性，这篇文章也给这一观点带来了新的闪光之处，但同时也限制了编程思维的范围，将其视为使用数学思维和工程思维解决问题的补充者，淡化了编程过程中沟通和表达的相关性。对于使用"编程乐园"法进行编程的学生而言，编程思维不仅是解决问题的过程，同时也是表达的过程，他们正为自己培养崭新的读写能力。

布伦南（Brennan）和Resnick（雷斯尼克）把编程思维解构为"概念""实践"和"视角"的三维框架。在更高层次上，编程思维实践是指人类通过设计和构造算法来展现自我的行为。不出意料，佩珀特的学生对这一术语的定义体现了表达与计算机编程过程的相关性。

尽管编程思维在过去几年中备受瞩目，但编程思维的定义到底应该涵盖哪些内容仍不甚明朗，众说纷纭（Allan et al., 2010; Barr & Stephenson, 2011; National Academies of Science, 2010; Grover & Pea, 2013）。无论如何定义，

编程思维的重要性已在 2010 年发表的一篇名为《徒劳无功：在数字时代教授 K-12 计算机科学的失败》(Running on Empty: The Failure to Teach K-12 Computer Science in the Digital Age)[①] 的报告中得到了重点强调。这份报告显示，学习计算机技术的女性人数很少，而且该国三分之二以上的中学几乎连计算机科学课程都不曾开设。

从那时起，由于程序员供不应求，公共和私人组织都开始致力于构建大学前培养编程思维的体系和框架。例如，同年（2010）国际教育技术学会（ISTE）与计算机科学教师协会（CSTA）倡导了一项名为"在 PK-12[②] 中利用思想领导力引导编程思维"的国家科学基金项目。该项目的一项活动就是着手打造一个更清晰的编程思维定义，使其能够应用于学校课程体系建设。除了总结珍妮特引入的许多技能之外，该项目还包含了一系列面对处理复杂性问和模糊性编程问题的态度。

2011 年，珍妮特发表了另一篇文章，其中将编程思维重新定义为"为使信息处理者高效实施解决方案而构造问题并提出解决方案的思维过程"。我在提出"编程乐园"法时对这个定义进行了修改。编程思维中，思维过程的终点不必是对问题的构想，而须是对问题的表达。构想问题的过程可以是通往表达的一条路径，但绝非目的地。想法本身不是问题，我们只是想去借助计算机分享和检验我们的观点。珍妮特将编程思想家描述为"信息处理者"，我却更倾向于将这种思想家称为"表达者"，只有内外部资源兼备，又能够流畅地将想法与编程媒介结合起来，并与他人分享的那些人才担当得起这个名号。

在描述编程思维时，"问题解决"和"表达"这两个环节互为补充，不可偏废。然而，

---

① K-12 教育是美国基础教育的统称。"K-12"中的"K"代表 Kindergarten（对应于国内幼儿园大班），"12"代表 12 年级（相当于我国的高三）。"K-12"是指从幼儿园大班到 12 年级的教育，因此也被国际上用作对基础教育阶段的通称。——译者注

② PreK-12，相对于 K-12，还涵盖了儿童在进入幼儿园大班前的过渡时期。——译者注

当公众对前者予以过多青睐时（比如为了让孩子们解决一系列逻辑难题才引入编程），为后者增加砝码以使二者平衡就变得尤为重要。"在编程中，让孩子们把所有编程块放在一起来解决某个难题对于学习基本的计算概念是'很有用'的部分，但仅仅如此将会使孩子们错过编程中'很有趣'的部分，只给出逻辑谜题正如只教孩子们语法标点。"米切尔·雷斯尼克在接受采访时说道。在语篇读写能力方面，这种方法好比只给孩子们提供填字游戏就想把他们训练成能够妙笔生花的作家一样。

不局限于 STEM

传统上，研究人员、从业人员、资助机构和政策制定者将计算机编程和编程思维同问题解决相关联。因此，当计算机科学被转化成教育类课程时，与科学、技术、工程和数学一起，归入 STEM 体系。在 STEM 教育体系中，编程思维被定义为一组认知技能，包括识别模式、分解复杂问题、为寻找解决方案创建一系列具体环节、数据化模拟现实等（Barr & Stephenson, 2011）。这种传统方法并未提供整合语言和表达等思维工具的空间，也忽略了编程是一种读写能力的事实。此外，这种方法也将许多研究人员的工作成果抛之脑后——这些研究成果显示编程语言可能与读写能力密切相关，学习编程语言的过程与学习一门外语的过程非常相似（Papert, 1980; National Research Council, 2010; Solomon, 2005）。

我在本书中提出的方法是将编程思维作为一种表达和交流的方式。在先前的研究中，我已经将"编程是一种读写能力"概念化，并与"要按照教授新语言的方法来教授编程"这一概念相呼应。这种方法最终将会在读写能力的基本技能——排序方面成效显著（Kazakoff & Bers, 2011; Kazakoff, Sullivan, & Bers, 2013;

Kazakoff & Bers, 2014）。例如，我们发现，在完成为期一周的机器人和编程课程后，幼儿园中班的孩子们对图片故事进行排序的技能获得了显著提高（Kazakoff, Sullivan, & Bers, 2013）。目前，我正在通过功能性磁共振成像（fMRI）技术探索这样一个假设：编程活动与语言的理解和产生具有相似性（Bers & Fedorenko, 2016）。我们的目标是理解大脑在学习计算机科学和发展过程中编程思维的认知神经基础。

时至今日，针对这一跨学科问题的研究仍是一片空白。美国正在推进将计算机科学引入教育的政策决定，但我们缺乏为明智的选择提供有力支撑的基本数据。例如，截至撰写本书之日，17个州和哥伦比亚特区已制定政策，允许将计算机科学纳入高中数学或科学学分，而且这一学分比例还将不断增加。诸如得克萨斯州等其他州立法允许计算机科学代替外语，而肯塔基州和新墨西哥州正在考虑类似的方法。基础研究必须为计算机在课程体系中所处地位的争论提供有效信息。

虽然相关团体仍在提出合理的课程体系以及完整的编程思维定义的路上锲而不舍，但ISTE、Code.org和其他组织已经发布了其自有的定义并提出了用于教授编程思维的框架。在最近的一次开发项目中，计算机协会（ACM）、计算机科学教师协会（CSTA）、Code.org、网络创新中心（CIC）、国家数学和科学计划组织（NMSI）、计算社区内的100多名顾问（即高等教育教师、研究人员、K-12教师等）、若干州和大型学区、科技公司和其他组织之间实现了一期为各个州和地区制定概念指导方针的重要合作，以便能够创建开展学习计算机科学和编程思维的K-12路径（关于K-12的计算机科学框架，https://k12cs.org/）。在这项工作中，评审团仍在讨论有关"问题解决"和"表达"二者间的平衡问题。

编程思维与编程

计算专业人员和教育工作者肩负重任，他们理应让编程为所有学科的思想家提供助益（Guzdial, 2008）。如果与语言和表达的联系远胜于当前，那么这项任务就容易达成。近年来，人们对 STEM 与艺术的融合喜闻乐见。STEAM（科学、技术、工程、艺术和数学）运动最初由罗德岛设计学院（RISD）提出，目前已被学校、企业和个人广泛采用（STEM to STEAM, 2016; Yakman, 2008）。将艺术添加到如计算机编程和工程等与 STEM 相关的项目中，将会给予学生更多注入创造力和创新力的机会，增强学生的学习能力（Robelen, 2011）。此外，STEAM 不仅仅代表视觉艺术，它还包含了广义的人文科学，其中涉及文科、语言科学、社会研究、音乐、文化等等（Maguth, 2012）。

研究表明，生活中有许多非学术型的活动都在锻炼着人们的编程思维技巧（Wing, 2008; Yadav, 2011）。这些日常活动集中于解决类型化问题，而这些问题又与计算机科学分析和解决问题的方式紧密联系，二者的差别仅仅在于日常生活中的问题不含有具体的编程行为。珍妮特提供了大量实例，包括组装 Lego（根据颜色、形状和尺寸进行分类，利用了"打乱"的概念）、烹饪（用不同的温度、不同的烹饪时间加工不同的食材，利用了"并行处理"的概念）、根据字母表，查找名字（从首到尾浏览字母表，利用了"线性"的概念；从列表中间向两端浏览，利用了"二元"的概念）。

这种低技术性或发散性的编程思维日益蓬勃。这使得许多人觉得不必让儿童参与编程，因为在其他活动中同样会涉及排序和解决问题，这与编程思维异曲同工（e.g., Bell, Witten, & Fellows, 1998）。我对此不以为然。如果编程思维既是解决问题的过程，又是表达和创建的过程，那么我们就需要语言来表达，需要提供能够创建外在作品的工具。编程语言是实现编程思维的工具。与大多数其他工具相比，编程语言能够提供即时反馈，在排除故障和调试程序时提供指导，这在编程思维中必不可少。

当然，其他的儿童早期发展计划和活动对编程语言的教学可以加以补充。正如本书第 12 章所述，我们开发了相关课程：利用许多非高科技材料以及书写、表演、绘画等方式，让儿童浸润在编程思维之中。尽管如此，我仍坚信，无论在任何年龄段，如果我们想让孩子充分发挥编程思维的潜力，我们就必须为他们提供参与编程的机会。如果对阅读或写作方式一无所知，那么我们能以书面的方式进行思考吗？如果没有这些技能，我们能掌握读写能力吗？答案显然是否定的。就像我们教授阅读和写作一样，编程教学必须"从娃娃抓起"。

我将毕生的学术经历奉献于理解"编程即是读写能力"这一概念，并且由此思考如何设计才能提供适合幼儿的、游乐园般的编程体验。我在 DevTech 研究小组的研究已经证明，学习使用 KIBO 和 ScratchJr 等工具进行编程可以让幼儿锻炼排序、逻辑推理和解决问题的能力（Kazakoff, Sullivan, & Bers, 2013; Portelance & Bers, 2015; Sullivan & Bers, 2015）。我们已经见证，从幼儿园开始学习给机器人编程可以显著提高孩子根据逻辑顺序排列图片故事的能力（Kazakoff, Sullivan, & Bers, 2013）。包括我们的成果在内，大量的实证研究表明学习计算机编程和编程思维可以对其他技能产生积极影响，如反思能力、发散思维、认知能力、社交能力和情感发展等（Clements & Gullo, 1984; Clements & Meredith, 1992; Flannery & Bers, 2013）。

不负众望，用"编程乐园"法来学习编程切实可行，同时也促进了编程思维的发展。但是，设计编程语言（见第 11 章）和学习环境（见第 12 章）的方法需要进行适当的改进。借助"编程乐园"法制作具有个人意义的项目能够使复杂思想体系的组织富有逻辑性，抽象化和个性化展现都不再是空想，将强大理念融入作品的技能和思维习惯也将逐渐养成。我们将会在下一章探讨儿童早期背景下的有力观点。

参考文献：

A Framework for K-12 Computer Science Education. (2016). *A framework for K12 computer science education*. N.p. Web. 13 July 2016. Retrieved from https://k12cs.org/about/

Allan, W., Coulter, B., Denner, J., Erickson, J., Lee, I., Malyn-Smith, J., & Martin, F. (2010). Computational thinking for youth. White Paper for the National Science Foundation's Innovative Technology Experiences for Students and Teachers (ITEST) Small Working Group on Computational Thinking (CT). Retrieved from: http://stelar.edc.org/sites/stelar.edc.org/files/Computational_Thinking_paper.pdf

Barr, V., & Stephenson, C. (2011). Bringing computational thinking to K-12: What is involved and what is the role of the computer science education community? *ACM Inroads*, 2(1), 48 - 54.

Bell, T. C., Witten, I. H., & Fellows, M. R. (1998). Computer science unplugged: Off-line activities and games for all ages. *Computer Science Unplugged*.

Bers, M. (2008). *Blocks to robots: Learning with technology in the early childhood classroom*. New York, NY: Teachers College Press.

Bers, M. U. (2010). The tangible K robotics program: Applied computational thinking for young children. *Early Childhood Research and Practice,* 12(2).

Bers, M. U., & Fedorenko. (2016). The cognitive and neural mechanisms of computer progr amming in young children: Storytelling or solving puzzles?, NSP Proposal.

Bers, M. U., Ponte, I., Juelich, K., Viera, A., & Schenker, J. (2002). Teachers as designers: Integratin g robotics in early childhood education information technology in childhood education. In *AACE* (123 – 145).

Brennan, K., & Resnick, M. (2012). New frameworks for studying and assessing the deve lopment of computational thinking. *Proceedings of the 2012 annual meeting of the American Educational Research Association*, Vancouver, Canada.

Cejka, E., R ogers, C., & Portsmore, M. (2006). Kindergarten robotics: Using robotics to motivate math, science, and engineering literacy in elementary school. *International Journal of Engineering Education*, 22(4), 711 – 722.

Clements, D. H., & Gullo, D. F. (1984). Effects of computer programming on young children's cognition. *Journal of Educational Psychology*, *76*(6), 1051 – 1058. doi: 10.1037/0022–0663.76.6.1051

Clements, D. H., & Meredith, J. S. (1992). *Research on logo: Effects and efficacy*. Retrieved from http://el.media.mit.edu/logo–foundation/pubs/papers/research_logo.html

Flannery, L. P., & Bers, M. U. (2013). Let's dance the "robot hokey-pokey!" : Children's programming approaches and achievement throughout early cognitive development. *Journal of Research on Technology in Education*, 46(1), 81 – 101.

Grover, S., & Pea, R. (2013). Computational thinking in K – 12: a review of the state of the fi eld. *Educational Researcher*, 42(1), 38 – 43.

Guzdial, M. (2008). Paving the way for computational thinking. *Communications of the ACM*, *51*(8), 25 – 27.

Inter national Society for Technology Education and The Computer Science Teachers Association 2011.

ISTE & Computer Science Teachers Association. (2011). Operational defi nition of computational thinking for K‐12 education.

Kamenetz, A. (2015). *Engage kids with coding by letting them design, create, and tell stories*. Retrieved from https://ww2.kqed.org/mindshift/2015/12/15/engage-kids-with-coding-by-letting-them-design-create-and-tell-stories/

Kazakoff, E. R., & Bers, M.U. (2011). The Impact of Computer Programming on Sequencing Ability in Early Childhood. Paper presented at American Educational Research Association Conference(AERA), 8‐12 April, 2011, Louisiana: New Orleans.

Kazakoff, E. R., & Bers, M. U. (2014). Put your robot in, put your robot out: Sequencing through programming robots in early childhood. *Journal of Educational Computing Research*, *50*(4), 553‐573.

Kazakoff, E., Sullivan, A., & Bers, M. U. (2013). The effect of a classroombased intensive robotics and programming workshop on sequencing ability in early childhood. *Early Childhood Education Journal, 41*(4), 245‐255. doi: 10.1007/s10643-012-0554-5

Lee, I., Martin, F., Denner, J., Coulter, B., Allan, W., Erickson, J., ... Werner, L. (2011). Computational thinking for youth in practice. *ACM Inroads*, 2, 32‐37.

Maguth, B. (2012). In defense of the social studies: Social studies programs in ST EM education. *Social Studies Research and Practice, 7*(2), 84.

National Academies of Science. (2010). *Report of a workshop on the scope and nature of computational thinking*. Washington, DC: National

Academies Press.

National Research Council (US). (2010). *Report of a workshop on the scope and nature of computational thinking*. Washington, DC: National Academies Press.

Papert, S. (1980). *Mindstorms: Children, computers and powerful ideas*. New York: Basic Books.

Perlis, A. (1 962). The computer in the university. In M. Greenberger (Ed.), *Computers and the world of the future* (pp. 180 – 219). Cambridge, MA: MIT Press.

Perlis, A. J. (1982). Epigrams on programming. *Sig Plan Notices*, 17(9), 7 – 13.

Perlman, R. (1976). *Using Computer Technology to Provide a Creative Learning Environment for Preschool Children*. MIT Logo Memo #24, Cambridge, MA.

Portelance, D. J., & Bers, M. U. (2015). Code and Tell: Asse ssing young children's learning of computational thinking using peervideo interviews with ScratchJr. In *Proceedings of the 14th International Conference on Interaction Design and Children (IDC '15)*. ACM, Boston, MA, USA.

Resnick, M., & Siegel, D. (2015). A different approach to coding. *Bright/ Medium*.

Robelen, E. W. (2011). STEAM: Experts make case for adding arts to STEM. *Education Week, 31*(13), 8.

Solomon, J. (2005). Programming as a second language. *Learning & Leading with Technology, 32*(4), 34 – 39.

STEM to STEAM. (2016). Retrieved July 27, 2016, from http://

stemtosteam.org/

Sullivan, A., & Bers, M.U. (2015). Robotics in the early childhood classroom: Learning outcomes from an 8-week robotics curriculum in prekindergarten through second grade. *International Journal of Technology and Design Education*. Online First.

Wilson, C., Sudol, L. A., Stephenson, C., & Stehlik, M. (2010). *Running on empty: The failure to teach K-12 computer scie. ice in the digital age*. New York, NY: The Association for Computing Machinery and the Computer Science Teachers Association.

Wing, J. (2006). Computational thinking. *Communications of the ACM, 49*(3), 33 - 36.

Wing, J. (2008). Computational Thinking and Thinking About Computing [Powerpoint Slides]. Retrieved from: https://www.cs.cmu.edu/afs/cs/usr/wing/www/talks/ct-and-tc-long.pdf

Wing, J. (2011). *Research notebook: Computational thinking— What and why*? The Link Magazine, Spring. Carnegie Mellon University, Pittsburgh. Retrieved from http://link.cs.cmu.edu/article.php?a=600

Wyeth, P. (2008). How young children learn to program with sensor, action, and logic blocks. *Journal of the Lear ning Sciences*, 17(4), 517 - 550.

Yadav, A. (2011). Computational thinking and 21st century problem solving [Powerpoint Slides]. Retrieved from: http://cs4edu.cs.purdue.edu/_media/what-is-ct_edps235.pdf

Yakman, G. (2008). STEAM education: An overview of creating a model of integrative education. In *Pupils' Attitudes Towards Technology (PATT-19) Conference: Research on Technology, In novation, Design & Engineering Teaching*, Salt Lake City, Utah, USA.

6 | 幼儿编程课程中的强大理念

本章将重点介绍编程思维（核心内容和技能）的强大理念以及少年编程者开发的思维习惯。西摩·佩珀特创造了"强大理念"一词，它指一个领域（即计算机科学）的核心概念和技能，它既具有个人用处，且与其他学科相联系，根植于孩子们的长期形成的内在直觉。佩珀特认为，强大理念提供的思维方式、知识运用方式和与其他领域建立个人和认识论联系的方式都是焕然一新的。

课程可能会使用某个特定的编程环境，例如 ScratchJr 或 KIBO，但如果强大理念和思维习惯足够出色，何种编程语言都不会改变它们的普适性。此外，这些想法也同样会出现在以培养编程思维为目的的低难度技术或无设备活动之中。

编程思维涵盖的内容包括如下两方面：从计算指令抽象出计算行为的能力和识别潜在"错误"的能力。幼儿教育面临的挑战是用最适宜的方式定义"强大理念"，按照幼儿园中班到小学 2 年级的进阶顺序，用循序渐进的方式满足不同深度的探索。例如，如果孩子们需要理解 PreK 中的算法思维，那么他们就应当致力于排序，而成长到二年级时则要将视野拓展至循环问题——孩子们需要明白在序列中哪些模式会有重复。

幼儿课程中有哪些强大理念侧重于编程和编程思维呢？在现有编程思维课程

的启发下，结合 Google 在 2010 年为教育工作者提供的体系和资源（Google for Education, 2010）开展的合作、我与 KIBO 的合作（Sullivan & Bers, 2015）以及 ScrathJr（Portelance, Strawhacker, & Bers, 2015）等实例，我提出了以下七个适合早期儿童计算机科学教育的发展的强大理念：算法、模块化、控制结构、描述和展示、硬件 / 软件、设计过程和故障排除。在逐一定义之后，我将举例说明如何将它们融入幼儿教育课程。

算　　法

算法是按顺序采取一系列以解决问题或实现最终目标为目的的指令。排序是儿童在早期需要掌握的一项重要技能；它是制定计划的一部分，包括按照正确的顺序放置对象、安排动作。例如，以符合逻辑的方式重述故事或排列一行的数字等等。

排序技巧不仅仅局限于编程和编程思维。幼儿可以从日常生活中的点点滴滴学习如何排序，例如刷牙、做三明治或完成课堂安排。随着他们的成长，他们会发现不同的算法可能会产生相同的结果（例如，从不同的上学路线到达学校、用不同的方法系鞋带等），但有些算法会比其他算法更加高效（例如，通过某些路线可能会更快抵达学校）。他们可以通过考察方法的操作难度、具体性能和存储要求等方式来衡量和比较能够产生相同结果的不同算法（例如，更简单的系鞋带方法）。

领悟算法涉及抽象理解（通过识别相关信息来定义序列中具体环节的构成）和表达（以适当的形式组织和描述信息）。随着孩子们的成长，他们会遇到不同的编程语言，也会发现一些算法能够同时运行。这个阶段也可以从算法中了解排序的概念，但在幼儿教育中把这些概念合在一起传授更具有优势。

模 块 化

模块化就是将任务或流程分解为简单、可控的小单元。这些单元可以相互组合以创建更复杂的流程。总而言之，对于模块化，强大理念包括精细分工和解构。孩子们只需要将复杂任务分解就能够掌握"解构"。例如，举办生日派对包括邀请客人、制作食物、装点桌子等。这些任务中的每一项都可以进一步细分：邀请嘉宾包括发出邀请、将卡片放入信封、在每个信封上粘贴邮票等。在编程时，模块化使得程序员每次只需专注于一项工作，因而有助于完成项目的设计和测试。随着年龄的增长，孩子们也会发现不同的人可以同时完成项目的不同部分，随后将所有部分组合在一起。孩子们将学习到不同方法使模块化效率最大化。

控 制 结 构

控制结构决定了在某个算法或程序中指令的执行顺序。孩子们很早就学会了顺序执行，渐渐地，他们会了解到重复、循环、条件、事件和嵌套结构等多种控制结构。循环可用于重复指令模式、跳跃指令的条件以及引发指令的事件（例如，单击鼠标时，x 会执行 y 动作）。

为了理解控制结构，幼儿需要熟悉"模式"的概念，但编程学习本身也强化了"模式"的概念。不同的编程语言使用不同的范式进行模式处理：ScratchJr 和 KIBO 使用循环模式，以实现重复；而其他编程语言（如 LOGO）则使用递归函数调用模式。孩子们慢慢长大后会开始理解范式的不同之处，也可能学会结合不同的控制结构来支持复杂的操作。

控制结构为儿童提供了这样一个窗口——通过不同情境下的决策来理解编程概念（例如，变量值、分支等）。例如，当儿童使用光传感器对他们的 KIBO 进行编程时，他们可以制作一个程序来检测是否有光：如果有，则命令 KIBO 继续前进。具体的事件帮助我们理解了凡事都需要其他事件作为触发点这一编程概念。儿童早教不仅仅对因果关系进行充分讨论，也同样在利用控制结构来进行强化。

描述和表示

计算机以各种各样的方式存储和运行数据、数值。为了确保此类数据可供访问，我们创造了描述和表示的概念。孩子们很早就知道可以用符号来代表概念。例如，字母代表声音，数字代表数量，编程指令代表行为。他们还了解不同类型的东西具有不同的属性：猫有胡须，字母有大小写。他们也明白不同的数据类型具有不同的功能。例如，数字可以相加，字母能够组合。一些数据类型用于构建模型来模拟真实情况，显示相关系统或对象如何随时间变化而变化的信息。模拟现实的模型能够用来预测，比如天气数据用于模拟气象状况并预测风暴的发生时间。

KIBO 和 ScratchJr 使用不同颜色来表示不同类型的指令。例如，在 KIBO 中，蓝色表示动作、橙色表示声音。统合在一起的编程块则代表机器人要执行的一系列动作。随着孩子们的成长，他们会接触到更复杂的编程语言，从而学习到诸如变量等多种多样的数据类型，同时意识到程序员可以通过创建变量存储那些表示数据的值。

符号表示的概念是早期儿童教育的基础，与数学和读写能力高度相关。在编程前，我们首先需要理解编程语言使用符号代表操作。将编程语言理解为旨在将指令（算法）传达给机器的标准化构建型语言，对于培养早期读写能力意义深重，这同时也涉及对符号表达体系的理解。

硬件 / 软件

计算系统的运行同时需要软件和硬件。软件为硬件提供指令。某些硬件是可见的，例如打印机、屏幕和键盘；某些硬件则作为内部组件隐藏在暗处，例如主板。像 KIBO 这样的机器人套件能够展现出通常会被隐藏的组件。例如，我们可以通过 KIBO 的透明塑料外壳看到电路板（参见图 6.1）。

硬件和软件共同组成一个能够完成任务的系统，例如接收、处理和发送信息。一些硬件专门用于接收或输入来自环境的数据（例如，KIBO 传感器），而其他硬件用于输出或发送数据（例如，KIBO 灯泡）。在了解组件对系统如何产生影响时，硬件和软件之间的关系格外重要。此外，幼儿还需要了解我们同样能够对硬件进行编程来执行任务；我们也有能力同时对包括计算机在内的多个设备进行编程，包括硬盘录像机、汽车和手表等。机器人是一种特殊类型的硬件 / 软件组合，它们包括由计算机程序或电子电路引导的机电机器。"机器人"指的是从工业机器人到类人机器人等可以执行自动或预编程的任务的各种机电机器。

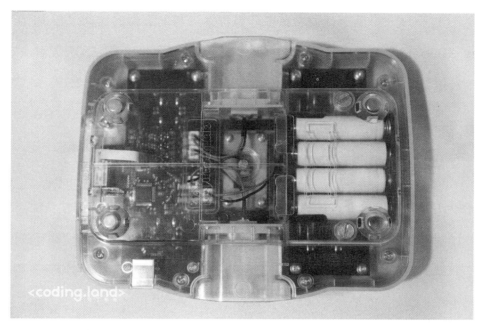

图 6.1　KIBO 机器人的透明面。通过这个透明面，孩子们可以看到 KIBO 的电路板、电线、电池和其他"内部组件"。

至此，我们介绍的计算机科学的五个强大理念：算法、模块化、描述和展示、控制结构、硬件 / 软件，这些都与幼儿教育的基本概念密切相关。这些概念跨越不同的学科，如识字与数学、艺术与科学、工程与外语。我们还为儿童提供了更多机会，让他们能够在编程时以最适宜自身发展的方式置身于这些强大理念之中，从而增进对相关学科的学习，一石二鸟，一举多得。

排除故障和设计过程是另外两种强大理念，相比于用"概念"来定义它们，不如说它们与流程、思维习惯或实践更为相关。

设 计 过 程

设计过程是一个用于开发含有多环节程序和有形工件的迭代过程（Ertas & Jones, 1996）。例如，工程设计过程通常包括定位问题、搜寻想法和开发解决方案，还可能包括与他人共享解决方案（Eggert, 2010; Ertas & Jones, 1996）。这个过程极具开放性，因为解决某一问题的可能方案并不唯一（Mangold & Robinson, 2013）。

作为儿童教育工作者，我们调整了设计过程并制定了一系列可行性步骤：询问、想象、计划、创建、测试和改进、共享（参见图 6.2）。设计过程是一个循环的过程，它没有正式的起点或终点，孩子们可以把任何一个步骤作为开端，可以在不同步骤间徘徊不定，亦能不断地重复某一循环。

例如，孩子们在编程 KIBO 以使其参与 Hokey Pokey 跳舞节目时，一些孩子可能会在测试阶段花费很长时间与他们的机器人一起跳舞和唱歌，直到写出正确的程序为止。当他们与朋友分享自己的节目视频并得到反馈后可能希望再度重复测试和改进，给机器人加入那些他们遗漏的舞步。在测试想法之前，其他人可能会选择在纸上或设计日记中规划出 Hokey Pokey 程序的所有步骤。随着孩子们对设计过程日益熟悉，他们会逐渐掌握包括迭代创建和完善、向他人提供和接收反馈、根据实验和测试不断改进项目等一系列能力。这将引导孩子们学会持之以恒、精益求精。这种行为也与个体执行力的某些方面高度相关，比如自控力、计划能力和优先处理能力以及组织能力。由于设计过程是讨论的核心观点之一，我们将在第 7 章中再度详细探讨。

工程设计过程

图 6.2 可以与幼儿一起使用的、简化工程设计过程的步骤

排 除 故 障

　　我们通过排除故障来修复程序。它涉及使用诸如测试、逻辑思维和解决问题等技能的系统分析和评估，且以循序渐进的方式重复进行。故障排除策略可能在编程无法按预期进行时有所帮助。有时问题仅仅来自于硬件，有时则涉及软、硬件之间的关联。例如，当孩子们对 KIBO 进行编程以应对噪音问题时，他们会经常抱怨机器人不听使唤。在检查过程中，我们发现所有必要的编程块都已各就其位，但孩子们却忘记了给机器人安装声音传感器。孩子们很快就学会了检查硬件和软件。一旦他们了解如何排除系统故障，就会开始发展和完善可用于各种计算系统的常见故障排除策略。随着孩子的成长，他们会了解到系统之间相互关联的部分，从而使他们能够遵循和创建问题解决流程。学习如何排除故障是一项重要技能，这类似于检查数学作业或是编辑文字，充分传达了一条最具力量的信念：罗马的建成非一日之功。

佩珀特在《头脑风暴》（*Mindstorms*）中写道[①]：

> "学习如何成为一名大师级程序员，就是学习如何熟练地分离和纠正'错误'（即造成程序无法运行的部分）。我们需要问的不是某个程序究竟是对是错，而是它是否可以修复。如果这种看待知识产品的方式被普及进更宽泛的文化中，成为其看待知识及其获取方式的一种视角，我们可能不会因为害怕'错误'而被吓倒。"

在编程乐园中，系统化的故障排除也妙趣横生。

表 6.1 显示了此处提出的每个强大理念如何与幼儿教育中教授的共同主题建立联系。

表 6.1　强大理念与幼儿教育。该表显示了编程思维中的强大理念以及它们如何与传统幼儿教育中的概念和技能保持一致

强大理念	相关的幼儿教育概念及技能
算法	• 排序 / 顺序（基础数学和读写能力） • 逻辑组织
模块化	• 将大量工作分成更小的步骤 • 编写说明 • 遵循完成较大项目的说明列表

---

① 佩珀特，1980，第 23 页。

强大理念	相关的幼儿教育概念及技能
控制结构	• 认识模式和重复 • 因果关系
描述和展示	• 符号表示（即字母代表声音） • 模式
硬件 / 软件	• 了解"智能"物体（即汽车、电脑、平板电脑等）的工作原理 • 识别人工设计的物体
设计过程	• 解决问题 • 持之以恒 • 编辑 / 修订（即以书面形式）
排除故障	• 定位问题（检查个人工作） • 解决问题 • 持之以恒

　　通过一系列体验，我们会接触到强大理念。在编程乐园中，涉及强大理念的课程会在学术上畅通无阻地将计算机编程和编程思维与其他学术科目联结起来。这是一个螺旋式上升的课程，是一种教学方法，每个强大理念都会在孩子成熟的时候被重新审视，而且变得越来越成熟。经过十五年的幼儿教育和编程工作，我的 Dev-Tech 研究小组开发了一系列课程，旨在提供机会让孩子们以多种方式接触前述的每个强大理念。我们的每个课程单元虽只专注于一个独特的主题，但它们都能够让孩子们探索七种强大理念。有些课程是为 KIBO 设计的，有些则是为 ScratchJr 设计的（见图 6.3）。

图 6.3 为 KIBO 和 ScratchJr 开发的 DevTech 课程范例，主要涵盖舞蹈、文化、身份等主题

教授编程课程的"编程乐园"法

我们开发的每个课程单元都紧密围绕着前述的强大理念，并让年幼的孩子参与开发过程：

· **概念**：概念引领知识。例如，特定编程语言的句法和语法以及语言的功能。

· **技能**：技能引领行动。例如，用于生成和实施解决方案、探索多重可能解决方案和策略、解决开放式和常见难题的系统化方法。除机器人、编程和编程思维外，这些技能有时被定义为具有普适性的实践行为。

· **思维习惯**：思维习惯引导情绪。例如，针对"失败"的有效态度。这些态度也有助于改善孩子们的执行力，如持之以恒、调节情绪。思维习惯是我们潜在的行为模式。

·**观点**：观点引领创新。创建一个能与人共享的创新项目或者针对共同问题的新解决方案都立足于某个创新的观点。例如，在我们工作的一间幼儿园教室里出现了松鼠偷吃农作物的情况，所以孩子们创造了一个用于吓跑松鼠的机器稻草人。

多年来，我的 DevTech 研究小组开发了一系列引人入胜的课程，这些课程将适合儿童早期发展的游戏与编程相结合。每节课都与 STEM、读写能力、社会科学和艺术相融合。其目标是改善幼儿课程体系，同时引入编程思维，培养儿童对计算机科学的积极态度，无论这些孩子是男是女、流淌着哪些民族的血液、接受了怎样的文化。你们可以在（www.scratchjr.org）网站上下载 ScratchJr 相关免费课程，也可以在（http://ase.tufts.edu/DevTech/）网站上查到 KIBO 相关免费资源。在那里，您可以找到教学资源、下载课程，得到一系列有用的链接和资源。

我们的课程具有以下特点：

· 基于针对幼儿和编程进行的数十年研究

· 以积极技术发展（PTD）理论框架为指导

· 整合适宜发展、妙趣横生、灵活性强的课程单元

· 将编程理解为一种读写能力，注重表达

· 重点关注与幼儿教育高度相关的主题

· 将编程思维与幼儿教育中的其他内容相结合

· 非常适合正在学习正式书面语言的儿童

· 具有强烈的社会情感和认知成分，与幼儿教育使命完全一致

· 专为不同的编程环境、机器人系统和低科技、基于游戏的活动而设计

· 基于项目而非基于问题的课程

· 依次涵盖从幼儿园到小学低年级的课程内容

· 包含独立单元、没有固定顺序、但仍旨在从不同复杂层次上探索七个强大理念

每个课程单元至少包含 20 个小时，该课程需要安排紧凑的一个工作周（即在专题营地活动、学校编程／机器人主题周）来完成，如果教学周期安排在几个月内，则每周需要教授一到两门课程。此外，所有课程单元均使用低科技材料，如乐高积木、普通积木、再生材料、艺术材料和其他易得元件，还包含唱歌、戏剧、游戏和木偶等形式。每门课程包含五到七门课程单元，均围绕前述的有力想法展开。每个课程单元包括以下部分：

知识与目标：孩子们应具备的先验知识

材料：所需的所有技术和非技术材料清单

词汇：课程中探讨的关键词

热身游戏／讨论：用来介绍新概念的非技术游戏或活动

主要活动：主要工程、机器人或编程活动，可单独完成或与小组一起完成

技术圈"分享时间"：聚集在一起来回答问题、分享工作和探索想法的时间

免费游戏和延伸想法：一些用来通过儿童导向型游戏来拓展概念边界的小技巧

孩子们在每个课程中的工作都以最终项目为中心并围绕某个给定主题展开（参见表 6.2）。 所有主题单元均旨在符合马萨诸塞州科学与技术工程课程框架（(Massachusetts Department of Education, 2001）和技术素养标准（国际技术与工程教育协会，2007 年）的相关要求。例如，《KIBO 全球舞蹈集锦》（KIBO Dances from Around the World）课程的最终目标是确保孩子们研究舞蹈文化，通过构建、装饰和编程他们的机器人使其能够实现运行。ScratchJr《动画风尚（Animated Genres）》课程的最终目标是让孩子们能够设计、编程和测试他们自己的可玩游戏原型。具有不同学术能力的学生都能够在这些项目中取得成功，同时他们也能够轻松对项目进行扩展，以此满足那些天赋异禀或需要接受特殊教育的学生的需求（O'Conner, 2000）。

表 6.2　KIBO 机器人课程结构示例

课程主题	孩子们将具备的能力
1 – 工程设计过程	• 构建一个基于研究的非机器人车辆 • 使用工程设计流程，完善车辆的构建
2 – 机器人	• 描述 KIBO 机器人的组件 • 使用编程块，将程序扫描到 KIBO 机器人上 • 建造可移动的耐用机器人
3 – 程序设计	• 指出或选择与计划的机器人动作相对应的编程块 • 将一个编程块接入下一个编程块中，最终完成一系列编程块的连接 • 将完成的程序扫描到 KIBO 机器人上 • 如果发现它不起作用（排除故障），应修复序列
4 – 传感器（第 1 部分）	• 在 KIBO 上使用声音传感器 • 使用"等待声音信号"编程块进行编程 • 比较和对比人类感知和机器人传感器
5 – 重复循环	• 认识需要循环程序的情况 • 制作一个循环程序 • 使用数字参数，修改循环运行的次数
6 – 传感器（第 2 部分）	• 在 KIBO 上使用距离和光线传感器 • 比较和对比人体感官和机器人传感器
7 – 条件	• 将光传感器连接到机器人 • 确定需要分支计划的情况 • 制作一个使用分支的程序
8 – 最终项目	• 孩子们建造和编程自己设计的机器人。最终项目可以与各种主题相结合。最终项目课程范例包括： • 全球舞蹈集锦（Dances from Around the World）（机器人 + 音乐） • 模式纵览（Patterns All Around Us）（机器人 + 数学） • 艾迪塔罗德（The Iditarod）（机器人 + 社会研究） • 移动的奥秘（How Things Move）（机器人 + 物理学）

这些设计活动都极其审慎，旨在确保对女孩和少数族裔产生足够的吸引力，因为这些群体在工程和技术领域的人数不具有代表性，研究表明上述已确定的主题能够在形式和内容上真正吸引女孩和边缘化群体（Fisher & Margolis, 2002; Richmond, 2000; Rosser, 1990; Sadler, Coyle, & Schwartz, 2000; Tobin, Roth, & Zimmerman, 2001）。

我们所有的 DevTech 课程单元都涉及编程。孩子们可以通过编程以及其他开放式低技术活动开发编程思维。我们将在下一章讨论编程过程，说说幼儿在趣味编程时能够从接触计算机科学的过程中究竟有何所得。

参考文献：

Bers, M. (2008). *Blocks to robots: Learning with technology in the early childhood classroom*. New York, NY: Teachers College Press.

Brennan, K., & Resnick, M. (2012). New frameworks for studying and assessing the development of computational thinking. In *Proceedings of the 2012 Annual Meeting of the American Educational Research Association*, April, Vancouver, Canada (pp. 1 - 25).

Bruner, J . (1960). *The Process of education*. Cambridge, MA: Harvard University Press.

Bruner, J . S. (1975). Entry into early language: A spiral curriculum: The Charles Gittins memorial lecture delivered at the University College of Swansea on March 13, 1975. University College of Swansea.

Eggert, R . (2010). *Engineering design* (2nd ed.). Meridian, Idaho: High

Peak Press.

Ertas, A ., & Jones, J. (1996). *The engineering design process* (2nd ed.). New York, NY: John Wiley & Sons, Inc.

Fisher, A ., & Margolis, J. (2002). Unlocking the clubhouse: The Carnegie Mellon experience. *ACM SIGCSE Bulletin*, 34(2), 79 – 83.

Google for Ed ucation. (2010). *Exploring computational thinking*. Retrieved from www.google.com/edu/resources/programs/exploring-computationalthinking/index.html#!home

International Technology and Engineering Education Association. (2007). *Standards for technological literacy*. Retrieved from www.iteea. org/67767.aspx

Mangold, J., & Robinson, S. (2013). The engineering design process as a problem solving and learning tool in K–12 classrooms. Published in the *proceedings of the 120th ASEE Annual Conference and Exposition*. Georgia World Congress Center, Atlanta, GA, USA.

Massachusetts Department of Education. (2001). *Massachusetts science and technology/engineering curriculum framework*. Malden, MA: Massachusetts Department of Education.

National Governors Association Center for Best Practices, & Council of ChiefState School Officers. (2010). *Common core state standards*. Washington DC: National Governors Association Center for Best Practices, Council of Chief State School Officers.

O' Conner, B. (20 00). Using the design process to enable primary aged children with severe emotional and behavioural difficulties (EBD) to communicate more effectively. *The Journal of Design and Technology Education,* 5(3), 197 – 201.

Papert, S. (2000). *What's the big idea? Toward a pedagogy of idea power*. IBM Systems Journal, 39(3.4), 720 – 729.

Portelance, D. J., Strawhacker, A. L., & Bers, M. U. (2015). Constructing the ScratchJr programming language in the early childhood classroom. *International Journal of Technology and Design Education*, 29(4), 1 – 16.

Richmond, G. (2 000). Exploring the complexities of group work in science class: A cautionary tale of voice and equitable access to resources for learning. *Journal of Women and Minorities in Science and Engineering*, 6(4), 295 – 311.

Rosser, S. V. (1990). Female-friendly science: *Applying women's studies methods and theories to attract students*. London: Pergamon.

Sadler, P. M., Coyle, H. P., & Schwartz, M. (2000). Engineering competitions in the middle school classroom: Key elements in developing effective design challenges. *The Journal of the Learning Sciences*, 9(3), 299 – 327.

Sullivan, A., & Bers, M. U. (2015). Robotics in the early childhood classroom: Learning outcomes from an 8-week robotics curriculum in prekindergarten through second grade. *International Journal of Technology and Design Education*. Online First.

Tobin, K., Rot h, W. M., & Zimmermann, A. (2001). Learning to teach science in urban schools. *Journal of Research in Science Teaching,* 38(8), 941 – 964.

Wing, J. M. (2006). Computational thinking. *Communications of the ACM,* 49(3), 33 – 35.

7 | 编程过程

　　吉米正在研发一款可以帮助她打扫房间的 KIBO 机器人。吉米今年 5 岁，她的房间很凌乱，玩具都胡乱地散落在地板上。当妈妈让她打扫自己的房间时，她也感到很棘手，所以她问自己：我怎样才能让 KIBO 帮助我呢？然后，她继续想象可能的不同方式。例如，她可以对 KIBO 进行编程，让它每次碰到地板上的玩具时都提醒她捡起玩具；或者，更好的方式是用乐高积木制作一把犁具，并将它连接到 KIBO 上，通过编程来拾取玩具；再或者，她可以让 KIBO 随机性地将其遇到的玩具推到一边。

　　编程存在多重可能，有些方法简单，有些则更为复杂。吉米需要制订计划，并在多种方法中进行选择。她要时常花时间做决定，最后再将所有想法整合起来：她想让 KIBO 一直前进，并无限循环右转，当遇到阻挡其光传感器的物体时发出嘟嘟声。然后，她将一把巨大的犁具附在 KIBO 的前面，并操纵它来拾取玩具。

　　好戏才刚刚开始。吉米已为创建这一项目做好了准备，但当她真正着手去做时却遇到了重重挑战。有时，吉米凭借一己之力即可解决问题；有时事态却难以在她的掌控之中，迫使吉米改变计划。当她为 KIBO 编程并制造犁具时，她需要沿着路线不断进行测试。总有些地方需要改进。不过，吉米从未放弃，源自内心地希望这一项目能够真正派上用场。吉米在她的 KIBO 清洁机器人上花费了一小时的心力后，KIBO 已经整装待发。吉米给妈妈打电话告知这一成就，想要和妈妈共同分享这样一个让她全力以赴的宝贵成果。

吉米的妈妈十分惊讶，她看着吉米的清洁 KIBO 机器人穿过房间，碰到家具和玩具，时而停止，时而继续前进；有时会发出"嘟嘟"声，有时不发出"嘟嘟"声；有时小机器人还会被困在地板上的袜子和衣服下面（参见图 7.1）。吉米跟在带有乐高积木（吉米称其为"犁具"）的 KIBO 机器人后面跑，当 KIBO 停下来并发出嘟嘟声时，她会弯下腰，拾取地板上的玩具。无论是这个产品凝结的时间还是最终呈现的质量都使吉米的妈妈难以置信。这当然会比直接拾取玩具更耗时，但吉米的妈妈却由衷为女儿感到自豪。她知道，这无关于 KIBO 作为清洁工究竟表现如何，真正重要的对女儿创新力的支持。

图 7.1　吉米的清洁 KIBO 机器人。她设计 KIBO 穿过房间，用乐高积木搭成的犁具推开和清理物品

当吉米着手于自己的项目时，她采用了我们认为适合幼儿设计过程的六个步骤：提出问题、想象解决方案、规划项目以解决问题、创建原型、测试和改进、与人分享。

虽然吉米似乎是按顺序进行每一步骤的，但实际上这一过程却是混乱的。她在两个步骤之间徘徊不定，时有反复，在测试时提出了一些新问题，还在制作机器人的过程中想象出了新的解决方案。

本章介绍了编程包含的设计过程。它从一个问题开始，激发一个新想法，并以一个能与别人分享的最终产品告终。设计过程使编程思维具象化：编程成为一种表达和交流的工具。正如吉米的故事一样，当使用机器人技术进行编程时，设计过程与工程设计过程有很多共通之处。根据州和国家框架（e.g., ISTE Student Standards，2016; Massachusetts Department of Elementary and Secondary Education, 2016），从幼儿园开始，美国的每个孩子都应该了解这一点。我在塔夫茨大学教育工程拓展中心（CEEO）的朋友们一直是将这些想法传播到整个世界的先导者，他们致力于改进 K-16 工程（http://ceeo.tufts.edu/）。通过与乐高等众多公司的合作，教育工程拓展中心还致力于创建教育工程工具。他们的重点是研究儿童和成人如何学习和应用工程设计概念和过程。2003 年，我在波士顿科学博物馆的同事在全国范围内发起了一项名为"工程为基础"（Engineering is Elementary）的项目（www.eie.org/），他们一直积极地将工程设计引入学校的知识传播和创意资源中，并在此方面大获成功。

工程设计过程是工程师在创建功能性产品和流程时所使用的一系列有条不紊的步骤，此过程高度重复。在继续下一步骤之前，前一步骤通常需要循环往复。此外，每个阶段都需要决策，也需要应对挑战和挫折。此过程针对 K-2 学习者进行了调整，简化为八个步骤。以马萨诸塞州的框架为例，我们确定了以下步骤：1）确定需求或问题；2）研究需求或问题；3）开发可能的解决方案；4）选择最佳解决方案；5）构建原型；6）测试和评估解决方案；7）交流解决方案；8）重新设计。正如前一章所述，我的 DevTech 研究小组为了使其更贴合儿童发展进一步修改了该方案，我们只保留六个儿童能够印象深刻的步骤；只要求孩子们在开始时提出问题而非明确问题。我们的方案具体包括：1）提问；2）想象；3）计划；4）创造；5）测试和改进；6）分享。

与工程设计过程一样，编程设计过程为学生提供了另一种系统思考的工具。两者的主要区别在于活动目的。工程过程侧重于解决问题和解决方案（第一步涉及识别问题，最后一步是传达解决方案），而"编程作为读写能力"的过程却始于想象力和好奇心（即提出问题），并在社区情境下（即分享）品味创作作品的自豪感和归属感。

编程设计过程（如工程设计过程、科学方法和写作过程）向学生介绍了几个有序步骤。然而，步骤之间尽管存在顺序，但彼此仍存在内在关联，设计者也正因此需要在步骤间循环往复。设计是一项"混乱"的活动。虽然设计过程提供了活动组织所需的框架，但在实践中并不总是能够有效地予以遵循。

然而，这些过程始于对已有知识的掌握和运用——科学中的知识内容、工程中对具体问题和需求的明确，渐渐过渡到对新的科学知识、新的工程解决方案或新的计算机科学项目等特定方向的探寻之中。与此相同，写作的过程也同样始于知识积累（想法和数据），渐渐通过写作、重写、编辑等不断重复的方式完成最终能够与大家分享的作品。

通常而言，当我们谈论不同过程在背景知识和技能、创新力、生产力、重复性和沟通需要等相同点时，我们谈话的受众会将他们在日常工作中使用的某种流程同我们讨论的内容建立联系。例如，在与企业家进行探讨时，不止一人向我展示了这种方法与创建商业计划的共通之处；在与营销专家聊天时，他们经常会分享制定营销策略的经验。教育工作者发现这与开发课程的过程也异曲同工，当然，这与软件开发人员编写代码也如出一辙。建筑师、园艺师、艺术家、作家、表演者、作曲家、承包商、机械师等从事创作工作的专业人士都经历了设计过程。

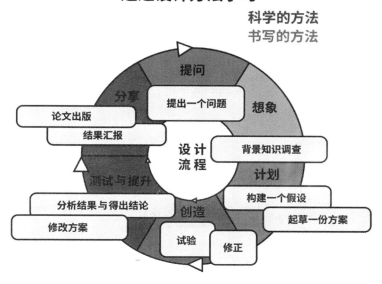

图 7.2　设计过程与科学方法和写作过程相重合的例证。设计过程始于知识积累和现有
问题，需要创建并改进设计。同样，科学方法和写作过程遵循相同的方法，它们都以
我们的知识积累为基点进行创新和改进

　　我们生活在物质世界之中。因此，创造物质的过程至关重要，从儿童时期就对
这一过程加以探索亦尤其必要性。我在 ScratchJr 项目中的同事兼合作人米切尔·雷
斯尼克这样写道（Resnick, 2001, P.3）：

　　"大千世界中，创造新事物和构建新想法始终相互作用。创造新事物
的时候人们会同时从同伴和自身得到反馈，使得创造者修改、优化和提升
自己的想法；基于这些崭新的想法，创造者又得到了创造新事物的激励。
这一过程周而复始，螺旋式上升并永无止境。这种螺旋过程是幼儿园学习
方法和创造过程的核心。当孩子们创建带有手指画的积木和图片的塔楼时，
他们可以获得新塔楼和新图片的想法。随着时间的推移，他们对创作过程
本身的直觉会得到发展。"

雷斯尼克将这一过程称为"创造性思维螺旋过程"，这是一个循环地强化创造性思维的重复过程。正如前文所述的另一个过程，雷斯尼克还确定了不同的步骤（想象、创造、游戏、分享和反思），但与我们不同，雷斯尼克更强调游戏性和解决问题。当孩子们体验创造性思维螺旋过程时，他们学会挖掘和尝试自己的想法，不断探索边界，尝试替代方案，并表现他们的产品。

小小设计师

小孩子有大想法。然而，小孩子独立完成项目举步维艰，挑战重重。一方面，我们想要帮助他们追随自己的想法，提出关键问题，同时也不想让他们在制订计划这一步就因为要将大想法精简为小步骤而感到沮丧。另一方面，我们不想成为他们创新力迸发的阻碍者或是避免失败的防护网。孩子们应当在失败中站起来，也应在重复中积淀经验。

在解决这一挑战时，设计过程的核心思想会派上用场：我们与孩子们一起使用简洁的语言，以明确他们可以轻松描述的问题；我们让孩子通过切身的研究，来理解重大问题和与之相关的小问题；我们集体讨论解决问题的不同方法，帮助孩子衡量利弊；我们引导孩子选择最可行的解决方案，并鼓励他们规划具体的实施步骤。

对于大多数孩子来说，规划并非易事，因此我们需要使用不同的工具（例如，设计日志或同行访谈）来对其进行指导；我们为他们提供制作原型的工具。一旦完成，孩子们就可以自己进行测试；我们鼓励他们跨出"舒适圈"，与其他人一起进行测试。

由于其他人会采用不同于原型创建者的方式对原型进行探索和操作，新问题总是随时产生并亟待解决。孩子们会在首创原型中发现许多问题，我们则为完善它们所需的时间、空间、资源和支持提供帮助。在反馈的基础之上，我们重视一系列因此而产生的"出现问题 - 解决问题"重复过程，直至孩子们认为最终产品能够与他人分享。正如学习本身一样，这是一项艰苦的工作——宝剑锋从磨砺出，梅花香自苦寒来。

个人计算机开发的先驱艾伦·凯（Alan Kay）创造了"艰难之趣"一词，用于描述我们所参与的那些既富于挑战性又能够令人愉悦的活动。在编程乐园中，我们为孩子们提供了享受"迎难而上的乐趣"的机会并支持挫折管理。很多孩子都非常年幼，其中一些仍会常常"发脾气"。在一些老师建立的一种文化中，首战告捷凤毛麟角，临阵退缩时常发生；而有些老师则会提醒学生，成功之前必然会经历多次失败，因此需要对不可避免的事情加以预测，从而为孩子们创造了安全的学习环境。"失败乃成功之母"应当是每一个人的箴言。我多年来见过的一些最优秀的老师都会在面临失败时仍保持微笑，就像孩子们在编程乐园中因各种失误而自己发笑一样，他们可以在课堂上所犯的错误中找到自己不足的一面。根据我的经验，建立一个充满欢笑的环境是在孩子们学习使用技术时，帮助他们管理个人挫折感的最好方法之一。

设计师的工具

我们如何为孩子们建构一个设计过程？多年来，我的 DevTech 研究小组制定了不同的策略，以指导儿童完成不同的步骤。我们不得不谨慎行事，因为不想让其中蕴藏的乐趣流失。编程如同乐园，如果设计过程变得过于简单，那么其中的趣味性就会荡然无存。我们为孩子们提供设计日志，并为课堂设置课程来提供讨论想法的机会；我们预留时间来回答过程开始时有关项目实施的问题；我们还会邀请孩子们对彼此进行视频采访来讨论各自的项目和其间所遇到的挑战；我们会让他们记录设计过程；我们时而会与父母分享这些视频和资料，使之成为孩子作品集的一部分。

设计日志以及视频访谈让孩子、父母和相关的教育工作者了解孩子思维的发展和项目的进程。然而，设计日志并不总能受到孩子们的垂青，日志本身要求系统性的方法，而有些孩子并不喜欢计划。佩珀特和特克描述过这样类型的学习者——"多面手和拼合爱好者"，他们会在使用材料时与材料进行"对话"和"谈判"。与其他在项目开始前提出想法的孩子不同，他们会在设计、构建和编程时提出想法。正如佩珀特和特克所写的那样，"拼合爱好者类似于画家，他会目不转睛地盯着画布，在沉思之后决定下一笔落在哪里。"

"编程乐园"法支持不同的学习和设计风格。有些孩子渴望计划、需要计划。其他孩子则喜欢自下而上地利用材料来提出想法。多面手和规划师可以相互补充，取长补短。然而，强化设计过程的概念、将创造事物的过程不断解构仍然意义非凡。过程本身与产品同样重要，当我们要求孩子们分享他们的项目时，亦希望看到他们的代码，而不仅仅是最终作品；同儿童早教的任何一个领域一样，我们希望孩子为我们讲述有关个人产品的故事、展示他们的创作，以及在这一过程中经历的每一个小小的成功或是失败。

在《机器人编程块》（*Block to Robots*）一书中，我描述了如何使设计过程可视化，从而对"施教时刻"产生积极影响。在"施教时刻"中，学生们会一起分享无效的原型或失败的策略，进而提供了排除故障的良好契机。排除故障是一个有条理地查找和解决错误的过程，也是我们曾在第 6 章中讨论的有力想法之一。

以需求为导向学习

7 岁的马里奥（Mario）正在开发一款 ScratchJr 游戏。他创造了一堆飞猪，它们在撞到太阳时会发生爆炸。为实现这一想法他使用了两个界面：首页有五只在天空中飞翔的猪；在第二个界面中，天空中有一个明亮的太阳（参见图 7.3）。但是马里奥无法让飞猪从首页进入第二个界面之中。在技术协助期间，他向同学分享了他的没能成功的计划并解释问题所在并立刻就如何解决（或 "排除故障"）得到了不同的想法。

由此可见，"编程乐园"法会以需求为导向提供技术信息。它基于学生的新兴需求，并采用讲座的方式介绍可选方案。它还形成了对等交互的学习社区，也支持在课堂文化中让孩子们充当不同的角色、体验不同的参与形式。孩子们可以在项目开始时每隔 20 分钟申请一次技术协助，也可以在一天工作结束时申请一次技术协助，这具体取决于孩子的需求以及教师介绍、教授新概念或复习、强化旧概念的需要。

图 7.3　马里奥的 ScratchJr 计划的第一次重复过程，其中包括五只飞猪。马里奥希望这些小猪只能从一页飞到另一页，一旦它们靠近太阳就会发生爆炸，但他还没有学会 "转到下一页" 的编程块

技术协助所面临的挑战是，孩子们经常会提出一些老师也无法作答的问题。但从另一个角度来看这也是一个机会，程序员可以在不知道答案的时候进行建模。老师可以首先透露自己缺乏这方面的知识，并说："好吧，老师也不确定，但我们一起试试吧！"或者老师可以问孩子们是否有人知道答案。如果这两种方法都不起作用，那么老师可以询问专家或进行在线搜索，在下次遇到相似问题时给出答案。

寻求信息、解决问题以及学习如何寻找帮助和资源是信息技术行业（以及大多数其他行业的工作者）每天都在做的重要活动。设计过程让孩子们投身于从创意到分享项目的旅程之中，这为建立终身学习的习惯提供了机会，而终身学习也将使孩子们受用一生。在此之中，孩子们需要开发日后应用于生活各个领域的情感资源。我们将在下一章探讨如何在编程过程中挖掘个人成长的潜力。

参考文献：

Bers, M. (2008). *Blocks to robots: Lear ning with technology in the early childhood classroom*. New York, NY: Teachers College Press.

International Society for Technology in Education (ISTE). (2016). *Standards for students*. Retrieved from www.iste.org/standards/standards/for-students-2016

Massachusetts Department of Elementary and Secondary Educa tion. (2016). *2016 Massachusetts science and technology/engineering curriculum framework*. Retrieved from www.doe.mass.edu/frameworks/scitech/2016-04.pdf

Resnick, M. (2001). Lifelong Kindergarten. In *Presentation delivered at the Annual Symposium of the Forum for the Future of Higher Education*,

Aspen, Colorado.

Resnick, M. (2007). All I really need to know (about creative thinking) I learned (by studying how children learn) in kindergarten. In *Proceedings of the 6th ACM SIGCHI Conference on Creativity & Cognition*, June (pp. 1 – 6). ACM.

Resnick, M. (2008). Sowing the seeds for a more creative society. *Learning & Leading with Technology,* 35(4), 18 – 22.

Turkle, S., & Papert, S. (1992). Epistemological pluralism and the revaluation of the concrete. *Journal of Mathematical Behavior,* 11(1), 3 – 33.

8 | 编程助力个人成长

布兰登摆弄他的 KIBO 机器人已经十几分钟了——他昨晚在家看了一部关于非洲野生动物的纪录片，今天便制造了一个能追逐瞪羚的 KIBO 机器狮。他试图让 KIBO 一直前进，但每次按下按钮，KIBO 都会发生转向。布兰登一直坚持，不肯放弃；自负的他羞于启齿寻求帮助。因为之前他曾自己成功完成了一个项目，所以在面对手头的工作时也希望独立完成。他持续扫描前进编程块，机器人却继续转向。他最好的朋友汤姆走过来，布兰登告诉他这个问题，于是两个人一起尝试了一次，但机器狮的问题并未因此而有所改观。汤姆也迷惑不解，于是鼓励布兰登去问老师。布兰登有些犹豫，因为加西亚太太强调过多次："当你遇到了困难，不知道从何下手，在向我寻求答案之前，可以先求助小伙伴。"汤姆安慰了布兰登，陪他一起去请教加西亚太太。

加西亚太太微笑着，快速查看了机器人。她向男孩们指出，KIBO 的透明外壳下只有一个电机的小绿点在闪，另一个却没有反应。布兰登恍然大悟——两个电机都需要显示绿点。他感谢老师并带走了他的 KIBO。而汤姆却仍然心存疑惑，布兰登向他解释道，绿点是指示电机方向的，因为其中一台电机的运动方式与另一台电机不同，KIBO 就没法直线前进，而是不断发生转动。布兰登重新组装了电机，这次 KIBO 机器狮终于听从指挥，笔直前进了。

布兰登和汤姆所做的一切不仅仅是解决问题。当他们遇到问题时，他们能够互帮互助，并肩"战斗"：选择解决方式（即询问老师）、互通有无。他们彼此表现出同理心和情感联系。

我开发了一个名为积极技术发展（PTD）的框架，旨在使用技术来描述和识别这些积极的行为：内容创造（communication）、创新力（collaboration）、行为选择（community building）、沟通（content creation）、协作（creativity）和社区建设（choices of conduct）。这组行为简称6C模型，其中一些用于支持丰富个人内在的行为（内容创造、创新力和行为选择）；另一些则用于解决人际关系领域和社会交际（沟通、协作和社区建设）。这些行为都与个人品质（也使用6C标记模型）产生关联。长达数十年的积极青年发展（PYD）研究对上述品质进行的描述侧重于发展过程中个体与背景之间的动态关系（参见图8.1）。也就是说，积极青年发展（PYD）提出的6C模型侧重于发展品质，而积极技术发展（PTD）的6C模型更关注行为。总之，这些模型共计12种C术语共同构建了发展积极行为和提升个人发展品质的框架，在此框架中阐述了技术应当被怎样设计、如何运用。当然，课堂内的学习文化、礼仪和价值观将在这些行为的实践中发挥作用。

品质		行为		课堂实践
关怀		交流		技术协助
联系		合作		合作网络
奉献	新科技	社区建设	文化礼仪价值学习	开放屋
能力		内容创造		设计过程
自信		创新力		最终产品
性格		行为选择		专业认定

社会文化语境下的个人发展轨道

图 8.1 积极技术发展（PTD）框架，包括品质、行为和课堂实践

积极技术发展（PTD）是对编程读写能力和技术流畅性自然而然的延伸。作为一项教育运动，它从世界范围深刻影响了教育和技术的发展，也同时涵盖了社会心理、公民意识和道德成分。积极技术发展（PTD）研究了数字时代里孩子们的发展任务，并为具有丰富设计和评估技术的初始计划提供了模型。由积极技术发展（PTD）框架引导的教育计划目标清晰而明确——不仅要教会孩子如何以编程方式实践或思考，还要让他们致力于实施积极的行为。在积极技术发展（PTD）框架内，编程作为一种读写能力从愿景走向现实，真正赋予个人能力上的提升。

在上文介绍的积极技术发展（PTD）框架中，背景起着重要作用。KIBO 的设计中没有任何内容来促使孩子们相互协作。其秘诀在于课堂文化和课程：一个有利于小团队对话的情景设置和一位邀请孩子互相帮助并鼓励合作的老师。这不是技术，而是使用技术的以促进写作的学习环境。例如，如果加西亚太太的目标是提高解决问题的效率和速度，她可能会为孩子提供一种不同的指导方式，而不是"在问我之前先请朋友帮忙"。加西亚太太的机器人课程目标是支持个人成长。在规划课堂内容和课程时，加西亚太太问自己："什么样的发展过程需要由我来推动？"

这个问题涵盖了所有的研究领域：数学和科学；读写能力和社会研究；音乐和运动；编程和工程。积极技术发展（PTD）框架提供了一种明确的方式——使用 C 模型，用结构化的方式处理教育过程中所面临的问题。在接下来的部分中，我将对涉及编程和幼儿教育的 6C 模型进行逐一介绍。在每个部分中，我会将每个表示积极行为的 C 术语与表示积极个人能力的 C 术语一一对应：内容创造对应能力（content creation and competence）、创新力对应自信心（creativity and confidence）、行为选择对应性格（choices of conduct and character）、沟通对应联系（communication and connection）、协作对应关怀（collaboration and caring）、社区建设对应贡献（community building and contribution）。纵观全局，这 12 个 C 术语是构成积极技术发展（PTD）框架的主要部分。

内容创造与能力

编程有利于驱动内容创造，促进孩子从消费者转变为生产者。布兰登学会了如何让他的 KIBO 机器狮笔直前进。但更为重要的是他学会了使用编程的思维方式，并以其指导行动。他明白自己有能力创造所构想的项目。项目是艰难的，在这一过程中他人的帮助不可或缺。如果孩子可以为个别项目编程，那么就有可能会培养出一种能力意识和控制感——如同连锁反应一样，孩子掌握的能力越强，他所能做的事情就越多，从而形成以技能提升能力的良性循环。

当孩子们编程时，他们会参与一系列彼此联系的步骤，这些步骤是否为线性无关紧要，毕竟是设计过程。他们会确定最终目标，制定行动计划，尝试实现目标，测试和评估；他们将会修正自己的想法来解决评估中出现的问题，提升不足之处，还会制定新的方案以挽救失败。这种重复设计经验能为自律提供支持和推动。这组复杂和抽象的元认知过程有时在文献中被称为执行功能——通过让自我调节的学习者设定目标、制定战略和高度自律来处理他们周围的信息。

诺贝尔奖获得者经济学家詹姆斯·赫克曼（James Heckman）确定了在学术上获得成功所需要的技能，这些技能并不是通过传统智力指标（例如"智商"测试）衡量，而是通过动机和目标设定，战略性思考，明确和解决问题所需的资源，以及目标被阻止或发生故障时采取的补偿措施进行评估。虽然这些技能中明显存在认知成分，但赫克曼及其同事将这些能力称为"非认知技能"，以此将它们与传统心理能力测试中测量的特定认知能力区分开来。反过来，其他学者使用诸如"生活技能"或"生活中的语用学"（Baltes, 1997; Freund & Baltes, 2002）等术语来揭示一系列激励、认知、情感、行为和社交技巧的本质。

能力并非是与生俱来的财富；创新内容、制作我们自己的作品有助于我们获得并夯实能力。在本书中，我认为编程是掌握计算机科学中有力想法的机会，也是构建编程思维方式的机会。在"编程乐园"法中，"编程"意味着让儿童参与制作具有个人意义的项目，同时解锁新技能。如果这一过程大获成功，我们就能够看到孩子们的自信心是如何发展的了。

创造力与自信心

积极技术发展（PTD）框架中的第二个 C 术语是指创造力，这与内容创造密切相连。编程远远超越了"使用技术技能来解决其他人在设计中提出的挑战或难题"这一范畴，这也正是为何许多当前促进编程的举措颇受欢迎（Resnick & Siegel，2015）。编程作为一种读写能力，必须支持创新性表达。

尽管早期人们担心计算机会扼杀创新力（Cordes & Miller, 2000; Oppenheimer, 2003），但研究发现：如果方法得当，编程环境有助于创新力的发展（Clements & Sarama, 2003; Resnick, 2008, 2006）。有创新力的人可以想象使用计算机编程工具的新方法，并对自己信心满满。"自信心"可以定义为人们通过个人行为实现预期目标的心理作用。自信的程序员相信在编程方面自己能够"梦想成真"。如果他们遇到问题（这是一种必然），他们知道可以尝试多种不同途径来解决问题。自信的孩子在编程时掌握创建项目所需的技能，在紧要关头能够寻求帮助，在遇到技术困难时坚持不懈，不轻易言弃。

研究人员发现，自我效能（或自我效能信念）是成功使用技术完成任务的必要组成部分（Cassidy & Eachus, 2002; Coffin & MacIntyre, 1999）。能力和自信心往往相得益彰；一个人越有能力，这个人就越有可能自信。反过来，自信也能增强能力。

自信心的一个重要方面是相信我们的技能有进步的空间。斯坦福大学教授卡罗尔·德威克（Carol Dweck）称这是一种"成长型思维模式"而非"僵固式思维模式"。那些相信能够通过努力工作、良好的策略和其他投入获得自身成长的群体具有"成长型思维模式"。他们成功的可能性远高于那些认为天赋与生俱来的"僵固式思维模式"的群体（那些相信其具有天生天赋的个人）。

教授孩子们使用"编程乐园"法进行编程的过程强化了成长型思维模式。编程需要解决问题的能力和坚持不懈的态度，也需要孩子们寻求或提供帮助。它鼓励人们相信，孩子在编程过程中的每次重复都将会做得更好。

行为选择与性格

积极技术发展（PTD）框架中的第三个 C 术语是指行为选择。决策过程会塑造性格。与乐园一样，编程体验可以为儿童的真实选择提供自由，也要求他们承担这种自由的后果。我在本书中提出，编程语言以及其他技术可以成为探索道德认同的伦理乐园。

有些后果发生在微观的个人层面。例如，布兰登为这只 KIBO 机器狮选择了追逐瞪羚的行为；有些后果发生在宏观的社会层面。课堂上的孩子可以选择遵守老师关于项目的指导方针，也可以做其他事情并承担后果。不仅如此，我们生活在一个充斥着新闻媒体的时代，人们选择以积极或消极的方式使用编程技能，并给社会带来或有益或有害的影响。关于黑客和计算机科学家之间的争议从未中断。比如爱德华·斯诺登（Ed Snowden）就被冠以英雄、举报者、异见者、爱国者和叛徒等不同的称号（Bamford, 2014; Gellman, Blake, & Miller, 2013）。当一个创作者同时拥有能力和自信心时，技能应用的选择权就完全在他自己的手中了。因此，帮助孩子开始思考运用读写能力所带来的道德和伦理问题是行为选择中的重要一课。

纵使年幼的孩子尚未意识到这些问题的复杂性，但阐明编程即工具这一事实永远都不会为时尚早。同任何其他工具一样，编程也是一把双刃剑，正如锤子可以用来辅助建造也可以用来破坏一样，当孩子第一次学习使用锤子时，我们会解释在使用过程中所需的防范措施，指出需要肩负的责任。编程亦是如此。作为一种读写能力，编程是一种具有巨大力量的智力工具。

性格是关于我们行为的抽象描述。它意味着具有合乎道德的目的和责任感（Colby & Damon, 1992; Damon, 1990）。性格告诉我们如何选择，选择也反作用于我们的性格。这种观点是在皮亚杰理论的强烈影响下产生的，皮亚杰的理论发展诞生于行动。换句话说，每个人都是通过从环境和过往经历的互动来塑造自身的道德观念的，绝非纯粹对于他人的模仿（Piaget, 1965; Kohlberg, 1973）。道德的学习绝非单纯依赖某一社群内部的道德基准，还囊括了个体为了得到公平待遇而进行的斗争，以及道德认同的发展等多种要素（Kohlberg, 1973）。

编程为年轻人提供了探索道德认同的机会（Bers, 2001）。有时，这些机会需要精心安排。例如，来自美国犹太日制学校和天主教学校的孩子和他们的家庭探索了如何使用机器人技术去思索工程学和计算机科学以及他们自身的道德认同。如果您有兴趣了解更多信息，我建议您阅读马萨诸塞州沃特敦的米亚尼项目以及阿根廷布宜诺斯艾利斯的"道德心"项目。

沟通与联系

在编程乐园中，孩子们的话题层出不穷。无论是正在玩耍还是攀爬，抑或是跑步，孩子们都在交谈。乐园绝非寂静之地，安静的乐园本身就是不健康的。交谈是积极技术发展（PTD）框架所倡导的多种沟通方式之一。在这种方法中，我们鼓励儿童在编程时将思路大声说出来，无论是与人交谈还是自言自语。

在自言自语的过程中，孩子们在对外宣传自己的想法和观念；在与他人谈话的过程中，孩子们在分享挑战。研究表明，孩子们可以从这些类型的同伴互动中受益。孩子们彼此交谈的过程就是在参与言语社交的过程，而这将让他们学会如何表达自我并给予他人回应。罗格夫重申了皮亚杰的观点，即同龄人之间的交流对于儿童认知发展产生的影响远胜于儿童与成年人之间的交流。这可能是因为成年人的"先知感"或许会使孩子们害怕自由表达想法，而在同龄人之间平等交流的机会却唾手可得，有助于改善认知发展的社会互动类型（Blum Kulka & Snow, 2004）。这份研究为我们在技术协助时间的课程安排提供了信息，也为孩子们构建了彼此间交流项目想法的机会。

沟通可以定义为数据和信息的交换。积极技术发展（PTD）框架强调了沟通对于促进同龄人之间以及儿童与成年人之间联系的重要性。在创设"编程乐园"法时，我们会扪心自问："怎样的沟通机制够为积极联系的形成和延续提供支持？"技术协助等活动为我们提供了答案——孩子们停止工作，将作品放在桌子或地板上，聚在一起分享他们的学习过程。技术协助构建了一个社区，为问题的解决创造良机。我们多年来使用的另一种促进沟通的方法是进行同行视频访谈或编程与讲述（Code and Tell）会议。在此课程中，老师与学生合作让孩子们能够就项目本身、编程过程和面临的挑战等方面进行沟通。

研究表明，当孩子们共同使用一台计算机时，他们每分钟说话的次数是他们在进行其他非技术性游戏（如橡皮泥和积木）时的两倍（New & Cochran, 2007）。研究还发现，孩子们在使用计算机时与同龄人交谈的时间是玩拼图的九倍（Muller & Perlmutter, 1985）。在为幼儿创造编程机会时，我们又该如何对这些发现结果加以利用呢？编程经历为孩子们的积极沟通、社交互动的推进、语言和读写能力的发展都提供了有效方式，这对于年幼的孩子们而言是一项重要的发展任务。

协作与关怀

积极技术发展（PTD）框架侧重于增进关怀的协作，是指给予他人需求以回应和协助，愿意运用技术为他人提供帮助。协作是两人或多人携手实现共同目标的过程。这在儿童早期可能具有挑战性。然而，教育研究发现，结对工作或团队协作可以对学习和发展产生有益的影响，在早期教育和小学教育中尤为显著（Rogoff, 1990; Topping, 1992; Wood & O'Malley, 1996）。此外，研究表明，在儿童使用计算机时，即便有成年人在身侧，他们仍更可能向其他儿童寻求建议和帮助，这一现象增加了积极的、社会化的合作（Wartella & Jennings, 2000），他们也会因此更有可能投身于新形式的合作之中（New & Cochran, 2007）。然而，有效协作项目所需的交替说话、自控与自律，对于正常发育的幼儿来说有一定难度。在过去十年中，美国的幼儿园教师报告说他们的许多孩子缺乏有效的自控和自律能力（Rimm-Kaufman & Pianta, 2000）。

针对儿童进行的研究表明，编程可以促进同伴之间的合作，当老师是用心斟酌课程的设计方式和分组方式后成效将更为显著。例如，最近在我的 DevTech 研究实验室进行的一项研究展现了二年级的孩子有效地结对工作的过程，他们采取了对彼此的 ScratchJr 编程项目进行采访的方式（Portelance & Bers, 2015）。其他研究探讨了机器人和编程活动中，课程结构对幼儿结对合作的影响。我们发现，非结构化的机器人课程在促进同伴互动方面更为成功（Lee, Sullivan, & Bers, 2013）。

为了支持协作，DevTech 研究小组开发了一种非技术型的教学工具，我们称之为"协作网络"，它用于帮助孩子们了解自己的协作模式（Bers, 2010b）。在每一天的工作开始时，他们的设计日志和机器人工具包都会为孩子们打印一张个性化制作的纸张，纸张中心是孩子自己的照片，课堂上所有其他孩子的照片和名字则在四周排成一个圆圈。老师会在日间提示每个孩子画线连接自己的照片和合作者的照片。在此活动中，"协作"被定义为获得或提供项目帮助、共同编程、借阅或借用材料、完成共同任务等。在一周结束时，孩子们给最常合作的小伙伴写出或画出"感谢卡"，以感谢他们的关怀。

理查德·勒纳（Richard Lerner）在《良好少年》（*The Good Teen*）一书中叙述了他祖母对关怀的定义，她在看到自己的成绩单时说："非常棒！取得好成绩确实重要，但做一个'mensch'则是重中之重！"。"mensch"是意第绪语的单词，意思是"善良的人"——一个设身处地为他人着想、关心问题、关怀世界、愿意倾听、有宽广胸怀和同情心的人。

积极技术发展（PTD）框架的目标是让儿童参与协作，努力成为一个善良的人。在这个过程中，我们对编程和计算机科学学习加以改进，推动编程思维和普通学习的发展。从积极的发展角度来看，合作的目标是形成关怀关系。正如伟大的犹太学者亚拉伯罕·约书亚·赫舍尔（Abraham Joshua Heschel）所言："我年少时曾对聪明人心怀敬佩；我年迈时则对善良的人高山仰止，景行行止。"我的愿景是通过促进合作型的编程活动帮助孩子们学会钦佩善人善举。对我们来说，幸运的是，全球的专业编程人员也对此颇为重视。在线团体协作计划不断发展并非常活跃。

社区建设与贡献

倘若将孩子作为编程经历的主人公，前述的 6C 模型的 C 术语都是为沟通合作关系的建立和社会关系的维系提供支持的。我们接下来要讨论的是代表社区建设与贡献的几个 C 术语在此方面则会更上一层楼。这些术语提醒我们必须提供回馈他人的机制，以使我们的世界变得更美好。理查德·勒纳在文中写道，当年轻人"能力出众"又"自信满满"，具有强烈"人格"意识，能"联系"并"关怀"他人时，他们也能够对社会做出"贡献"。根据勒纳的说法，这 6 个 C 术语的确存在关联性，但却是通过"贡献"整合在一起的，"贡献"是"创建人类健康发展的黏合剂"。贡献不仅是一种内在品质，也是所有人与生俱来的能力。编程则推动了人们对社区的构建。

对于儿童而言，社区建设技术可能更侧重于构建能够促使孩子们对他们学习环境做出贡献的支持网络。本着 Reggio Emilia 方法的精髓（从第二次世界大战后在意大利 Reggio Emilia 市立婴幼儿中心和幼儿园开始），孩子们的项目可以通过开放空间、展示日或展览在社区分享。用于编程项目的开放式房屋为儿童提供了一个真正的机会，使孩子们能够与支持他们学习的"投资人"——家人、朋友和社区成员分享和庆祝他们学习的过程和产品。

教师也可以选择安排关注社会贡献和社区建设理念的编程项目。这促使儿童主动制作能为社区做出贡献的项目。例如，位于马萨诸塞州萨默维尔市的一所公立学校实施了一个以"帮助我们学校（Helping at Our School）"为主题的 KIBO 机器人课程（Sullivan, 2016）。在整个课程中，孩子们了解到在现实世界中做工作的机器人小帮手（例如医院机器人、清洁机器人、Roomba 等）。孩子们成群结队地建立和编写他们自己的"KIBO 机器人小帮手"，并作为最后的项目，用以完成课堂工作（比如捡垃圾）、教授重要想法、展示规范行为和学校规则（参见图 8.2）。作为一种读写能力，编程可以提供智力载体和物质工具，使儿童在成长过程中充分参与最终的社区建设：公民社会及其法律和民主制度。

图8.2 "KIBO机器人小帮手"样本。该机器人是由一个孩子设计的，可以带着从顶部"垃圾槽"抛入的垃圾穿过教室走到垃圾箱和回收箱前，从而帮助保持班级清洁。

总之，积极技术发展（PTD）框架的 6C 包括：内容创造、创新力、行为选择、沟通、协作和社区建设。这些提醒我们，孩子们在编程时可以获得畅游乐园般的积极体验。在 DevTech 研究小组中，我们创建了一套积极技术发展（PTD）卡片，用以帮助教师和研究人员通过引导观察和提示问题来实践 6C 模型。您可以登录

http://ase.tufts.edu/devtech/PTD.html 进行查看。本书的下一部分将更详细地介绍我多年以来使用的两种编程语言：ScratchJr 和 KIBO，同时还将描述将编程纳入儿童早期教育的设计原则和教学策略。

参考文献：

Abraham Joshua Heschel. (n.d.). BrainyQuote.com. Retrieved May 10, 2017, from BrainyQuote.com Web site www.brainyquote.com/quotes/quotes/a/abrahamjos106291.html

Baltes, P. B. (1997). On the incomplete architecture of human ontogeny: Selection, optimization, and compensation as foundation of developmental theory. *American psychologist,* 52(4), 366–380.

Bamford, J. (2014). Edward Snowden: The untold story. *WIRED Magazine*, August.

Beals, L., & Bers, M. U. (2009). A developmental lens for designing virtual worlds for children and youth. *The International Journal of Learning and Media,* 1(1), 51–65.

Bers, M. (2001). Identity construction environments: Developing personal and moral values through the design of a virtual city. *The Journal of the Learning Sciences,* 10(4), 365–415. NJ: Lawrence Erlbaum Associates, Inc.

Bers, M. U. (2010a). Beyond computer literacy: Supporting youth's positive development through technology. *New Directions for Youth Development,* 128, 13–23.

Bers, M. U. (2010b). The tangible K robotics program: Applied computational thinking for young children. *Early Childhood Research and Practice,* 12(2).

Bers, M. U. (2012). *Designing digital experiences for positive youth development: From playpen to playground*. Cary, NC: Oxford.

Bers, M. U., Matas, J., & Libman, N. (2013). Livnot u' lehibanot, to build and to be built: Making robots in kindergarten to explore Jewish identity. *Diaspora, Indigenous, and Minority Education: Studies of Migration, Integration, Equity, and Cultural Survival,* 7(3), 164 - 179.

Bers, M. U., & Urrea, C. (2000). Technological prayers: Parents and children exploring robotics and values. In A. Druin & J. Hendler (Eds.), *Robots for kids: Exploring new technologies for learning experiences* (pp. 194 - 217). New York: Morgan Kaufman.

Biermann, F., & Pattberg, P. (2008). Global environmental governance: Taking stock, moving forward. *Annual Review of Environment and Resources*, 33, 277 - 294.

Blair, C. (2002). School readiness: Integrating cognition and emotion in a neurobiological conceptualization of children's functioning at school entry. *American Psychologist*, 57(2), 111.

Blum-Kulka, S., & Snow, C. E. (Eds.). (2002). *Talking to adults: The contribution of multiparty discourse to language acquisition*. Mahwah, NJ: Erlbaum.

Cassidy, S., & Eachus, P. (2002). Developing the computer user self-efficacy (CUSE) scale: Investigating the relationship between computer selfefficacy, gender and experience with computers. *Journal of Educational Computing Research,* 26(2), 133 - 153.

Clements, D., & Sarama, J. (2003). Young children and technology:

What doe s the research say? *Young Children,* 58(6), 34 – 40.

Coffin, R. J., & MacIntyre, P. D. (1999). Motivational influences on computerrelated affective states. *Computers in Human Behavior,* 15(5), 549 – 569.

Colby, A., & Damon, W. (1992). *Some do care: Contemporary lives of moral commitment.* New York: Free press.

Cordes, C., & E. Miller, eds. (2000). *Fool's Gold: A Critical Look at Computers in Childhood.* College Park, MD: Alliance for Childhood. Retrieved from: http://drupal6.allianceforchildhood.org/fools_gold

Cunha, F., & Heckman, J. (2007). The technology of skill formation. American Economic Review, 97(2), 31 – 47.

Damon, W. (1990). *Moral child: Nurturing children's natural moral growth.* New York: Free Press.

Dweck, C. S. (2006). *Mindset: The new psychology of success.* New York: Random House.

Freund, A. M., & Baltes, P. B. (2002). Life–management strategies of selection, optimization and compensation: Measurement by self–report and construct validity. *Journal of personality and social psychology,* 82(4), 642 – 662.

Gellman, B., Blake, A., & Miller, G. (2013). Edward Snowden comes forward as source of NSA leaks. *The Washington Post,* 6(9), 13.

Heckman, J. J., & Masterov, D. V. (2007). The productivity argument for investing in young children. *Applied Economic Perspectives and Policy,* 29(3), 446 – 493.

Kato, H., & Ide, A. (1995, October). Using a game for social setting in a learning environment: AlgoArena—a tool for learning software design. Published in the proccedings of the first international conference on Computer support for collaborative learning (pp. 195 – 199). Indiana University, Bloomington, Indiana, USA.

Kohlberg, L. (1973). *Continuities in childhood and adult moral development revisited*. Moral Education Research Foundation.

Lee, K., Sullivan, A., & Bers, M. U. (2013). Collaboration by design: Using robotics to foster social interaction in kindergarten. Computers in the Schools, 30(3), 271 – 281.

Lerner, R. M. (2007). *The Good Teen: Rescuing adolescence from the myths of the storm and stress years*. New York, NY: Three Rivers Press.

Lerner, R. M., Almerigi, J., Theokas, C., & Lerner, J. (2005). Positive youth development: A view of the issues. *Journal of Early Adolescence, 25(1)*, 10 – 16.

Monroy-Hernández, A., & Resnick, M. (2008). Empowering kids to create and share programmable media. *Interactions,* 15, 50 – 53. ACM ID, 1340974.

Muller, A. A., & Perlmutter, M. (1985). Preschool children's problem-solving interactions at computers and jigsaw puzzles. *Journal of Applied Developmental Psychology,* 6, 173 – 186.

New, R., & Cochran, M. (2007). Early childhood education: *An international encyclopedia* (Vols. 1 – 4). Westport, CT: Praeger.

Oppenheimer, T. (2003). The flickering mind: *Saving education from the false promise of technology*. New York: Random House.

Piaget, J. (1965). The child's conception of number. New York: W. W. Norton & Co.

Piaget, J. (1977). Les operations logiques et la vie sociale. In *Etude sociologique*. Geneva: Libraire Droz.

Portelance, D. J., & Bers, M. U. (2015). Code and tell: Assessing young children's learning of computational thinking using peer video interviews with ScratchJr. In *Proceedings of the 14th International Conference on Interaction Design and Children (IDC ' 15)*. ACM, Boston, MA, USA.

Resnick, M. (2006). Computer as paintbrush: Technology, play, and the creative society. In *Play = Learning: How Play Motivates and Enhances Children's Cognitive and Social-Emotional Growth* (192 - 208).

Resnick, M. (2008). Sowing the seeds for a more creative society. *Learning & Leading with Technology,* 35(4), 18 - 22.

Resnick, M., & Siegel, D (2015 Nov 10). A different approach to coding: How kids are making and remaking themselves from Scratch [Web blog post]. Bright: *What's new in education*. Retrieved June 29, 2017 from https://brightreads.com/a-different-approach-to-coding-d679b06d83a

Rimm-Kaufman, S. E., & Pianta, R. C. (2000). An ecological perspective on the transition to kindergarten: A theoretical framework to guide empirical research. *Journal of Applied Developmental Psychology,* 21(5), 491 - 511.

Rinaldi, C. (1998). Projected curriculum constructed through documentation—Progettazione: An interview with Lella Gandini. In C. Edwards, L. Gandini, & G. Forman (Eds.), The hundred languages of children: *The Reggio Emilia approach—Advanced refl ections* (2nd ed., pp. 113 - 126). Greenwich, CT: Ablex.

Rogoff, B. (1990). *Apprentices in thinking: Cognitive development in a social context*. New York: Oxford.

Roque, R., Kafai, Y., & Fields, D. (2012). From tools to communities:

Designs to support online creative collaboration in Scratch. In *Proceedings of the 11th International Conference on Interaction Design and Children* (pp. 220 - 223). ACM.

Subrahmanyam, K., & Greenfield, P. (2008). Online communication and adolescent relationships. *The Future of Children*, 18(1), 119 - 146.

Sullivan, A. (2016). *Breaking the STEM stereotype: Investigating the use of robotics to change young children's gender stereotypes about technology & engineering* (Unpublished doctoral dissertation). Tufts University, Medford, MA.

Suzuki, H., & Hiroshi, K. (1997). Identity formation/transformation as the process of collaborative learning through AlgoArena. In R. Hall, N. Miyake, & N. Enyedy (Ed.), *Computer Support for Collaborative Learning '97. Proceedings of The Second International Conference on Computer Support for Collaborative Learning*. December 10 - 14, 1997. Toronto, Ontario, Canada (280 - 288).

Suzuki, H., & Kato, H. (1997). Identity formation/transformation as the process of collaborative learning through AlgoArena. *Paper presented at the CSCL '97*.

Topping, K. (1992). Cooperative learning and peer tutoring: An overview. *The Psychologist,* 5(4), 151 - 157.

Wartella, E. A., & Jennings, N. (2000). Children and computers: New technology—Old concerns. *The Future of Children: Children and Computer Technology,* 10(2), 31 - 43.

Wood, D., & O'Malley, C. (1996). Collaborative learning between peers: An overview. *Educational Psychology in Practice,* 11(4), 4 - 9.

第3部分

适于儿童的新语言

9 | ScratchJr

莉莉正在读一年级。过去的两个月中她一直在英语课上使用 ScratchJr。上周，布朗太太读了一篇名为《你是我的妈妈吗？》（Are You My Mother?）的故事。这个由 P.D. Eastman 编写的故事中，主人公是一只小鸟，一路遇到不同动物，一路追问她们是不是自己的妈妈。莉莉十分喜欢这个故事。读完故事后，布朗太太向孩子们分发了 iPad，要求他们和朋友一起使用 ScratchJr 制作这个故事。莉莉找到了她的搭档萨姆。他们十分喜欢这个主意！他们希望将故事与 ScratchJr 中的可用页面相匹配，于是花费了一些时间来讨论需要创建的场景。他们决定先让小鸟与小狗交谈，在下一页与小猫交谈，最后与蒸汽挖掘机交谈。

虽然萨姆想要自己绘制角色，但莉莉想用 iPad 拍摄这本书的图画并将它们导入到现有的 ScratchJr 图片库中。在一番交涉后，萨姆同意了莉莉的提议，但要求使用 ScratchJr 绘制编辑器为小猫添加一些条纹——他认为这本书的插图并不尽如人意，仍需调整。两个孩子对故事主人公的外观达成一致后开始编程。莉莉想要那只小鸟问小猫，"你是我的妈妈吗？"，小猫则用"喵喵"来回应。她使用多个"说话（Say）"编程块来编写，这些编程块让角色能够说话。在测试程序时，莉莉注意到与现实中的对话不同，小猫和小鸟总是在同一时间说话，莉莉说："（现实生活中）你得等另一个人说完话才能做出回应。"她开始加入不同的编程块，直到自认为找到了这个问题的完美解决方案——她在程序中的每个"说话（Say）"编程块之后连接了一个"等待（Wait）"编程块。

"等待"编程块看起来像一块小表盘，主要用于让程序暂停一段时间。莉莉将这些编程块放入她的程序中，角色的语音之间就有了时间间隔，小鸟和小猫之间的对话就更加自然。萨姆也非常喜欢这个解决方案。在全班的技术协助期间，莉莉和萨姆很自豪地与同学分享了他们的项目。许多孩子想知道两人是如何让角色互相交谈的，于是莉莉向全班同学展示了代码并详细解释了她为角色编写程序的过程——让小动物在说出台词之前进行"等待"。这是一个反复试验的过程。在这项活动结束时，布朗太太向孩子们展示了如何通过电子邮件与他们的父母分享他们的互动故事，使家人坐在家中就能够看到孩子们的作品。

全球已有 600 多万的孩子在学习使用免费的 ScratchJr 应用程序，编写和创建自己的互动故事，莉莉和萨姆便是其中的两个。ScratchJr 于 2014 年 7 月推出（珀斯 & 雷斯尼克，2015）。到 2016 年 3 月的时候就已被下载超过 600 万次，每周平均有超过 104,000 个全球用户都在使用它，分布在全球的 191 个国家。今天，我们可以将 ScratchJr 下载到 iPad、Android 平板电脑、亚马逊 Kindle 平板电脑和 Chromebook，我们正在不懈地努力使该应用程序适用于其他平台。该程序已有英语、西班牙语、荷兰语、法语、加泰罗尼亚语、意大利语和泰语的版本，我们正在积极添加新语言，以完善本地化使用。我们的目标是为每个年幼的孩子提供一种免费的编程语言，以新的思考方式学习编程，以畅游游乐园的方式使用技术进行自我表达。

正如莉莉和萨姆的一年级教室里发生的故事一样，随着 ScratchJr 在儿童早期教育中的快速发展和渗透，教师需要为儿童提供具有乐园般环境的技术教学。虽然布朗太太当天没有时间能够分配给计算机或编程课程，但她能够创新地将 ScratchJr 整合到自己的英语课堂中。在 ScratchJr 推出之前，和布朗太太一样的老师可能会要求孩子们用蜡笔和纸张来重新创作《你是我的妈妈吗？》的故事。现在，通过

ScratchJr，她可以将编程与创作故事相结合，使儿童同时锻炼语篇读写能力和编程技能。此外，孩子们能够将自己的创新能力和问题解决能力与兴奋感和自豪感相融合，并与同学校的同龄人和家里的父母分享他们的项目。

同许多创新性的努力一样，ScratchJr 始于这样一个问题：我们如何才能使编程语言适合幼儿发展？我们的灵感来自于专为 8 岁及以上的儿童设计的编程语言——Scratch，该语言诞生于米切尔·雷斯尼克及其团队在麻省理工学院的媒体实验室，已被全球范围内数百万的年轻人使用（访问 scratch.mit.edu，以了解更多信息）。

我曾观察自己那三个尝试使用 Scratch 独立编程的孩子，然后我意识到这一编程语言亟须一些重要的设计改进。小孩子们理解基本的编程概念，但却难以操纵界面。他们迷失在对编程命令的选择之中，因为他们尚未到阅读和理解这些单词的年龄。在成年人的陪伴和指导下，孩子们能够愉快地使用 Scratch，但他们却无法独立工作。这让我非常苦恼——儿童不需要大人们手把手地指导自己如何在乐园中玩耍。孩子们有足够的能力自行探索使用设备的方法和应当遵守的社会规范。或许在某些极具挑战的任务上，孩子们确实需要帮助。但一般来说乐园式的设计应当让孩子们能够自己玩耍和实验。我所期待的编程语言无须成年人一直"指手画脚"，它应当集自由体验、探索经历和掌控感于一身。

我和雷斯尼克决定在 ScratchJr 项目上开展合作，并邀请我们的前团队成员和同事宝拉·彭达（Paula Bonta）以及来自加拿大快乐发明公司（Playful Invention Company，PICO）的布莱恩·西尔弗曼（Brian Silverman）加入我们的团队。此次合作始于 2011 年，当时我们获得了国家科学基金会的资助，正式启动了研究和设计过程（NSF 1118664）。此外，我们还得到了 Scratch 基金会的慷慨支持，该基金会旨在为 Scratch 生态系统提供支持和筹集资金。我们计划用三年时间为推出 ScratchJr 做准备，目的是想要打造一款适合 5 至 7 岁儿童的编程语言。我们希望能够创建一个数字乐园，使用图形块创建互动故事和游戏，不断超越自己。为了这一目标，我们的合作伙伴涵盖了针对儿童发展不同阶段的最佳设计，以期获得珍贵的指导和投入，这些合作伙伴包括幼儿教育工作者、父母、校长和孩子们自己。

工　　具

ScratchJr 是数字编程的乐园。我们花了很长时间与平面设计师磨合，使界面呈现出极强的趣味性。我们的配色方案采取了俏皮的基调，应用的图形色彩明亮、形状各异，设计的应用妙趣横生。对艺术兴趣浓厚的孩子可以设计人物和背景，对动画有兴趣的孩子可以系统性或是补充性地拓展编程概念的边界。孩子们可以将图形编程块拼接在一起，使自己的虚拟角色移动、跳跃、跳舞和唱歌。他们可以在绘制编辑器中修改角色，创建彩色背景，添加自己的声音，甚至可以将自己的照片插入到故事中。

ScratchJr 包括用户项目库、主项目编辑器和用于选择和绘制角色和背景图形的工具（图 9.1）。项目编辑器的中心是故事页面，即正在构建中的场景。单击标有图标的大按钮可以添加崭新的角色、文本和设置：比如小猫、字母 A 和山脉。右侧缩略图区域可以创建新页面或调整不同场景的顺序。

编程指令的蓝色控制板排列在编辑器中心的边缘。每单击左侧的选择器一次都会呈现出各类指令。孩子们只要把编程块拖到下方的脚本区域即可将之激活。这些编程包集中在一起构成了从左到右读取和播放的程序。绿旗"播放（Play）"和红色"停止（Stop）"按钮分别用于启动和中断已编好程序的动画。

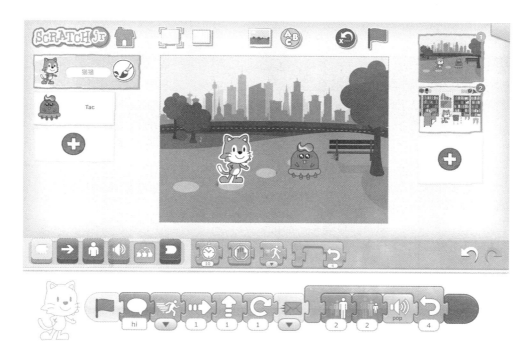

图 9.1　ScratchJr 界面

　　编程块分为六类，由不同颜色表示：黄色的触发（Trigger）编程块、蓝色的移动（Motion）编程块、紫色的外观（Looks）编程块、绿色的声音（Sound）编程块、橙色的流程控制（Control Flow）编程块和红色的结束（End）编程块（参见表 9.1）。

表 9.1　ScratchJr 编程块一览表。有关各个编程块的更详细说明，请参阅 www.scratchjr.org/learn/html

编程块类别	编程块样本	类　别　描　述
触发（Trigger）	"绿旗启动"	该编程块可以放在脚本开头，以某个事件作为程序的触发器。例如，在将"启动绿旗"编程放在脚本的开头时，只需点击屏幕右上角的绿色标记，脚本就会执行。
移动（Motion）	"向右移动"（1 步）	这些编程块使角色向上、向下、向左和向右移动。还可以让角色返回原点、旋转和跳跃。

编程块类别	编程块样本	类 别 描 述
外观（Looks）	"放大"	这些编程块能够改变角色的外观。包括用于更改角色大小、添加语音气泡（文本为用户自定义）、显示或隐藏字符。
声音（Sound）	"演奏流行音乐"	声音编程块能够播放收藏在 ScratchJr 音乐库中的声音。孩子们也可以录制声音并将其保存在新的声音编程块中。
控制流程（Control Flow）	"等待"（十分之一秒）	与移动（Motion）或外观（Looks）编程块不同，该编程块可以显著地改变角色的状态。控制流程块会改变角色程序的性质。例如，一系列其他的编程块都可以作为"重复（Repeat）"编程块的组成部分，用户通过更改该编程块上的数字来确定脚本执行的次数。
结束（End）	"无限循环"	这些编程块放在程序的末尾，并确定程序完成执行后是否还需要进行其他操作。

　　如果编程块能够拼成一整块拼图，那么孩子们就能成功控制屏幕上虚拟角色的动作。例如，下图显示了一个编程脚本，即跳跃两次后可实现角色的增长和缩小（参见图 9.2）。

图 9.2　ScratchJr 中的脚本包含六个编程块。当用户按下绿色标记时，即可启动此脚本。当脚本运行时，对应的角色将会跳跃两次，变大两次，再变小两次，最后恢复到原始大小

　　编程块的形状设计能防止句法错误。拼图属性与编程块的句法属性相对应。例如，"无限循环（Repeat Forever）"的右侧呈现圆形，不与其他编程块相连，只能出现在程序的末尾，因为在"无限循环"命令执行后任何其他指令都无法执行。（参见

图 9.3)。

图 9.3　无限循环（Repeat Forever）编程块，右侧为圆形

　　和传统编程语言自上而下的运行模式不同，ScratchJr 的编程脚本采取了从左到右运行，从而增强了孩子们的文字意识和英语读写能力。当角色的脚本运行时，应用程序会在执行时突出显示每个编程块来体现角色指令运行的具体阶段。

　　当应用程序在屏幕上打开项目时，移动（Motion）编程块将显示在屏幕中间的编程块控制板中（图 9.4）。孩子们可以将多个移动（Motion）编程块从控制板拖到下面的编程区域，然后将它们连接起来创建脚本。若是需要使用其他类别的编程块进行编程，孩子们可以点击控制板左侧的一个颜色编程按钮。例如，如果孩子点击紫色按钮，则控制板上的移动（Motion）编程块将替换为外观（Looks）编程块。儿童可以通过这种方式访问 25 个以上的编程块。不过，屏幕上不会同时显示这么多种选项。孩子们可以通过点击编程块看到它们的名称，这也同时为识词认字提供了支持。

　　编程块涵盖从简单的运动排序到控制结构等广泛概念。在制作 ScratchJr 项目时，可能会遇到第 6 章中描述的大多数有关计算机科学的有力想法。此外，ScratchJr 也允许儿童进行编程以外的其他活动。他们可以在绘制编辑器中创建和修改角色、录制自己的声音，甚至可以使用相机选项将他们拍摄的照片插入到绘画编辑器中。然后，他们可以将这些丰富的媒体素材加入到自己的项目中进行个性化处理。与 Scratch 中的数百种图形相比，ScratchJr 附带了一小组基本图形，这也是出于我们设计的初衷和主题——"少即是多"，我们希望减轻导航阶段选项过多所造成的困难。此外，它鼓励孩子们创建与课堂的特定主题相关的新图形。孩子们可以编辑程序中所包含的图像，或者在嵌入式可缩放矢量图形编辑器中绘制自己的图像。数据显示，儿童创建的所有项目中只有 11% 为包含在"绘制编辑器"中的角色或背景。此外，ScratchJr 中添加的最常见角色（包括会话期间添加的 30% 角色）是"用户自定义角色"，或者是在绘制编辑器中以某种方式创建或更改的角色。这表明用户希望在他们的项目中添加独特的个性化元素。

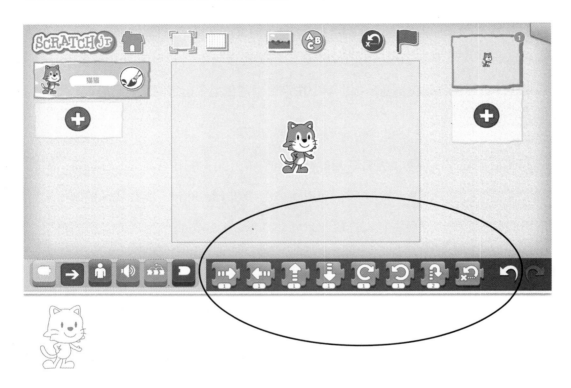

图 9.4 蓝色移动（Motion）编程块显示在屏幕中央的编程块控制板中

ScratchJr 有一个名为"网格"的功能，贯穿了整个动画阶段（见图 9.5）。与项目展示时相反，该功能可在编程期间轻松打开和关闭。"网格"旨在帮助儿童掌握每个编程块的测量单位，它提供了可数的线性运动测量单位。例如，"向右移动 10（Move Right 10）"的编程指令是指滑动 10 个网格单元，而不是 10 个像素或其他单位。

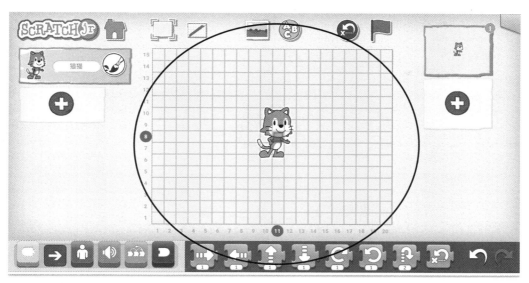

图 9.5　ScratchJr 具有网格结构

　　网格类似于笛卡尔坐标系的右上象限，是一种离散的度量单位。它的编号轴提示计数，并提供跟踪计数的标记。儿童可以使用多种方法，将轴上的数字与表示沿该轴的期望运动量的数字相关联。

　　由单个脚本创建的移动始终与垂直轴或水平轴平行，从而确保网格单元测量单位始终对应着角色将要移动的距离。在使用网格时，用于编程给定距离移动的若干潜在策略有助于探索日益复杂的数量关系和编程概念。例如，要将角色移动三个网格的距离，孩子可以使用此编程块的默认参数值，对三个"移动一步（Move 1）"编程块进行排序。孩子也可以使用单个"移动一步（Move 1）"编程块并单击脚本或按下"播放"按钮三次。再或者，孩子可以更改数字参数，创建一个"移动三步（Move 3）"编程块（参见图 9.6）。网格的单元格和编号轴允许不同复杂程度的策略，包括有估计、调整、计数和基本算术。网格的设计受到了学科融合设计观念的影响，在上述情况下，我们将数学与编程融合。

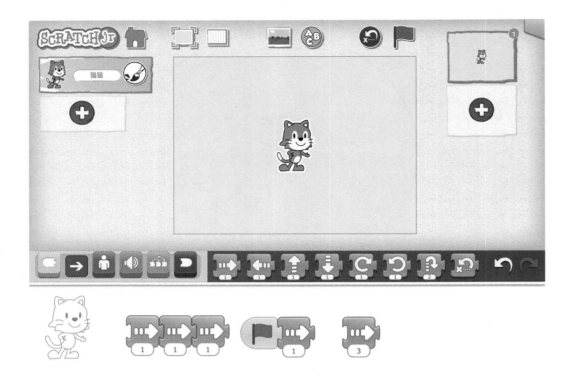

图 9.6　在 ScratchJr 中使用蓝色移动（Motion）编程块移动 Kitten 的多种方法

　　此外，还有几项设计决策可与读写能力无缝衔接。ScratchJr 可创建最多四个独立"页面"，并将文本和语音整合到项目中，让孩子们从头至尾创建自己的故事书。在创建这些项目时，孩子们常常会陷入"如果发生这种情况，就会发生那种情况"的思考之中。使用 ScratchJr 进行编程使孩子们更好地理解故事的基本组成部分，同时加强自己的排序能力。

　　在与 ScratchJr 合作时，孩子们常常会与强大理念相遇，开发出可以跨域应用的能力，比如排序、估计、预测、组合和分解。诸如"多少？"或"多远？"的问题常常出现在儿童运用 ScratchJr 编程的过程之中。此外，经验丰富的教师会请孩子们预测他们在每次重复运行项目时会发生什么，并思考他们所做的改变是否会实现他们的语气结果。ScratchJr 将为这种估算和预测的准确与否提供即时反馈。这就是编程语言的美妙之处：可以验证编程思维并及时得到反馈。

ScratchJr 的许多设计功能可减少不必要的低级认知负担，为解决问题提供支持，将心理资源分配给高级认知，比如对产生意外结果的脚本进行故障排除。这些设计决策将挑战的难度维持在恰当水平，并可能帮助儿童将足够的认知资源投入到想象和创建计划所需的高级思维过程中，当编程以表达为目标时，这些要素必不可少。

我们的设计过程

我们需要观察 8 岁以上儿童如何使用 Scratch 和这些孩子遇到的困难，这是我们设计开发 ScratchJr 的起点。我们在当地的幼儿园、一年级、二年级教室里花费很多时间来了解我们程序语言的受众——那些 5 至 7 岁孩子在发展的哪些方面存在局限。例如，我们注意到孩子们可能对众多编程命令感到困惑。因此，我们很早就了解到有必要简化选择，提供数量有限的编程控制板。我们还注意到，如果运行速度太快，孩子们很难理解编程块与其产生的动作之间的关系。因此，我们决定放缓进程，让每个编程块在触发操作之前都花费一些时间。教师们指出，ScratchJr 中体现出方向性可以作为孩子们学习从左到右阅读和书写的一种可行方式。相比之下，Scratch 则模仿其他已建立的更高级编程语言从上到下进行编程。基于这些发现，我们开始设计我们的第一个 ScratchJr 原型：阿尔法（Alpha）和贝塔（Beta）。

我们针对幼儿、父母和教育工作者的用户测试贯穿了开发过程的每一阶段。虽然这种方法可能会减慢开发过程，但它确保我们创建的编程语言能够适应多样性的需求。我们通过非正式的课后活动、教育工作坊、实验课堂发明和家庭游戏课程，与数百名教师和儿童合作。此外，我们还进行了在线调查和面对面焦点小组（Focus Group）活动以获取反馈意见。这些为我们的设计团队提供了宝贵的想法。

阿尔法是一种基于网络的初始原型，它要求儿童和教师登录私人服务器。该版本缩小了 Scratch 编程环境，从而实现吸引年轻受众的总目标（例如，屏幕上的文本较少，彩色图形更具吸引力，大型编程块具有的简单命令等）。然而，教师难以追踪学生的登录记录，学生也常常忘记用户名，用户名系统的利用率较低。此外，大多数孩子都无法准确打字。大多数孩子使用 Alpha 网络原型创建了多个账户却未能有效利用；教师们在学校的技术管理工作上花费了大量时间，无法专注于孩子们学习编程概念的过程。

通过焦点小组活动和调查，我们清楚地了解到，大多数老师想要一个无须联网版的 ScratchJr。许多学校连接网络的速度缓慢，导致学生工作时出现滞后和错误，同时使老师和学生深感挫败，更毋论有些老师和孩子在课堂上根本无法连接网络。老师们想要一个独立的应用程序。除此之外，他们希望能在平板电脑而非台式机或是笔记本电脑上运行 ScratchJr。可以想象，在 2011 年和 2012 年，Apple iPad 平板电脑和触摸屏设备日益普及，这种发展进一步刺激了这一愿景；我们的研究也表明，在台式计算机或笔记本电脑上使用 ScratchJr 时，学生在操纵鼠标和触摸板方面存在相当大的困难。

我们发布了用于 iPad 的平板电脑的 Beta 版 ScratchJr。它显示出儿童的确能够快速且流畅地创建项目。但是，由于技术问题，教室仍然需要连接无线互联网。我们创建了一个实验性的管理员面板（Admin Panel）——这是一个适用于教师的主用户网页，能够在特定地点对所有学生账户进行分组并完成工作。虽然这种方法取得了一点成就（例如，教师很容易一次查看所有学生的工作），但该面板的全面应用仍存在一定难度，因为每个教室在一个课程单元结束后会有数百个项目，用户登录也存在一定的问题。

我们的技术团队在研究平台问题的同时，也致力于探索不同类型的编程块，并将它们进行分类。教师建议将"旋转角色"编程块设置为 12 步，以便它可以执行完整旋转动作。该数字与模拟时钟相对应，而模拟时钟正是一、二年级学生教育的典型主题。我们还探索了不同的工具选项。我们在绘制编辑器中提供了相机功能、录音功能、编程块彩色高亮显示、单个项目中字符及其代码的拖拽复制功能，这样一来，素材就能够在同一项目的多个页面之间共享，孩子们对这些功能给予了广泛的反馈。家长们赞同我们在应用程序中不设置互联网链接或"弹出窗口"（因此孩子们不会在无意间上网），但需要包含将项目发送给家庭成员或其他设备的电子邮件共享功能。该共享功能在建设 ScratchJr 社区功能方面发挥了重要作用，在该社区中，儿童可以与家中的朋友和家人分享他们在学校的成就。

与设计团队 h24 Creative Studio 一起，我们共同尝试了不同外观和象征性的界面设计。例如，图 9.7、图 9.8 和图 9.9 显示我们尝试了不同界面感觉，从传统的笔记本风格，到木质风格，再到数字效果。

图 9.7　ScratchJr 界面 1 "数字效果" 设计

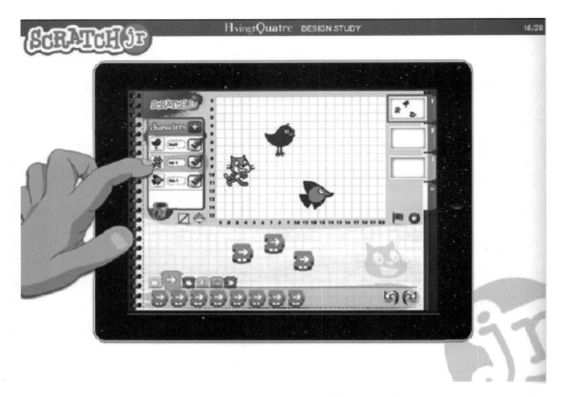

图 9.8　ScratchJr 界面 2 "笔记本风格"设计

在设计过程中，我们一直纠结于"ScratchJr Kitten"（ScratchJr 猫咪）外观设计的重要决定。为此我们探索、实践了各种不同想法，直至达成共识。（见图 9.10）。

到 2014 年 7 月，Kickstarter 成功筹集了资金并为我们提供了更多注资，我们随即推出了当前作为原生平板电脑应用程序版本的 ScratchJr。我们删除了用户名和管理面板系统，开发了简单的一对一设备共享模型。现在，孩子们能够通过电子邮件或 Apple 的 AirDrop 功能共享项目，这一版的 ScratchJr 为学校和家庭使用量身定做。作为 ScratchJr 的创造者，我们致力于完成设计过程的不同步骤，这种体验充满了乐趣。

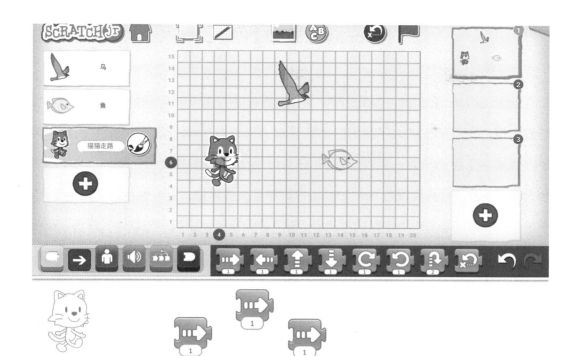

图 9.9　ScratchJr 界面 3 "木质表面" 设计

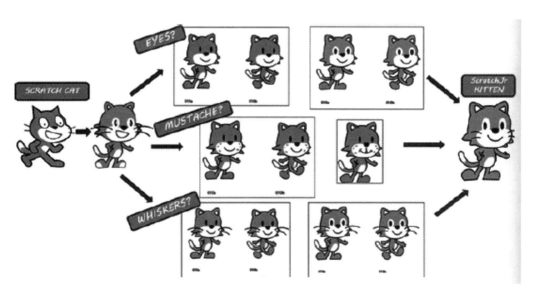

图 9.10　ScratchJr 小猫受到 Scratch 大猫咪的影响，大猫咪源自于 2007 年开发的
Scratch 编程语言。小猫的外观经历了多次更新，直到呈现出经团队一致认可的
外观效果

ScratchJr 的今天

自从 ScratchJr for iPad 发布以来，世界各地的教师对 Android 版本的需求也与日俱增，我们于是扩大了我们的团队规模。Two Sigma Investments 的董事总经理兼软件工程师马克·罗特（Mark Roth）是两个男孩的父亲。彼时，他刚刚接触 ScratchJr，当听说没有 Android 版本时感到大失所望，后来他找到了雷斯尼克，希望在业余时间能够作为团队的志愿者。在 Two Sigma 的另一位软件工程师 Kevin Hu 的协助下，该团队于 2014 年 11 月发布了 Beta 版本，并于 2015 年 3 月发布了最终版本。今天，Android 版本的 ScratchJr 由 Scratch 团队提供支持，适用于配有 7 英寸或更大的屏幕的 Android 4.2+（Jelly Bean 或者更高）设备，其下载次数已经超过 200 000 次（这一数字正在激增）。

马克参与了这个项目，因为他认为世界各地的人们都需要有途径使用这种能够实现创造性思维探索的工具。他知道 Android 是美国之外更常见的传播平台，因此他决定为该团队提供志愿服务。为了促进 Android 版本的广泛应用，我们于 2016 年 1 月为亚马逊平板电脑创建了专用版本，并在 2016 年 3 月让 ScratchJr 与 Chromebook 设备兼容，进一步扩展了应用范围。随着 ScratchJr 在许多不同设备上的适配，它的全球影响力也与日俱增。至今 ScratchJr 已广泛应用于全球 191 个国家（全球共有 196 个国家），其中在美国、英国、澳大利亚、加拿大、瑞典、西班牙、芬兰、韩国、法国和中国的用户群最多。

此外，2015 年 12 月，我们与 PBS KIDS 合作推出了 PBS KIDS ScratchJr，因此孩子们可以参考 PBS KIDS 制作的流行儿童电视节目（如 Wild Kratts、Wordgirl、Peg + Cat、Nature Cat），使用超过 150 个角色和背景创建自己的

互动故事和游戏 ①。该应用程序由公共广播公司（CPB）和 PBS Ready To Learn Initiative 共同开发，并由美国教育部提供资金。在撰写本书时，该程序的下载量已超过 434,177 次。

ScratchJr 团队于 2016 年 1 月开始收集分析数据，该数据更全面地概述了儿童和教育工作者使用该应用程序的方式。从那时起，截至 2016 年 12 月，该团队已经创建了 680 多万个项目，并且已经重新启动和编辑了 800 多万个现有项目，这表明用户正在努力改变和完善同一个项目。此外，通过电子邮件或 Apple AirDrop，用户与其他人共享了近 250,000 个项目。在这个相对较短的时间跨度内，用户已经使用了超过 1.3 亿个编程块，其中最常使用的编程块包括："前进（Forward）"、"启动绿旗（Start on Green Flag）"、"向上（Up）"、"向后（Backward）"和"说话（Say）"。使用"说话"编程块使项目中的角色可以相互沟通——这是 ScratchJr 中五个最常用的编程块之一，表明孩子们正在使用该应用程序来提升他们讲故事的能力。此外，全球用户在 ScratchJr 中创建项目时，每次会话平均花费 14 分钟。而且，ScratchJr 保持 80% 老用户的同时，每月还吸引 20% 的新用户。ScratchJr 的蓬勃发展指日可待，同时也能够对已有用户群保持极高的吸引力。当您读这本书时，这些数字仍在增加。

屏幕上的乐园

孩子们编写的项目展示了他们创造力的深度。在 ScratchJr 中，设计和创建带有嵌入式动画的拼贴画是一个颇受欢迎的幼儿园活动，这些动画能够展现出孩子

---

① 具体可参考 www.pbs.org/about/blogs/news/pbs-kids-launches-free-scratchjr-app-helping-young-children-learn-to-code-and-code-to-learn/

们最喜欢的地方、活动或他们生活中的特殊人物。儿童们故事的灵感来源是埃里克·卡尔（Eric Carle）、摩·威廉斯（Mo Willems）和莫里斯·森达克（Maurice Sendak）的经典故事书，他们从故事书出发，然后编写自己的原创故事。这些项目让孩子们能够给他们喜欢的故事想象出新结局，他们甚至还可以发明专属于自己的叙事情节。例如，孩子们创作出全新版本的《小红帽》（Little Red Riding Hood），其中小红和大野狼成为朋友；他们也曾编写出一个关于巨龙和巫师共同前往另一个星球拯救地球的幻想故事。年龄较大的孩子受到迷宫游戏、俄罗斯方块和青蛙过河（Frogger）游戏机制的启发，热衷于创建具有互动性的项目。小孩子则会开发简单的互动游戏，并与他们的朋友和家人一起测试，从而探索出采用换位思考方式并以用户为中心的设计。

ScratchJr 为"编程乐园"法提供了机会。正如前文描述的多种体验，孩子们可以愉快地编写他们自己的故事、游戏和动画。此外，在独立创作时，孩子们可以选择对他们自己创作的作品进行编程。这是 ScratchJr 乐园模式的自带功能。在这一过程中，孩子们可以利用他们的想象力和艺术技巧以及他们的编程和解决问题的策略。

ScratchJr 是一个开放式的编程环境，可以让孩子参与积极技术发展框架提出的六种积极行为（6C 模型）。因此，它使儿童参与重复创作过程，发展编程思维概念、技能和实践。此外，他们能够锻炼自己的创新力。在以创新方式解决技术问题的过程中，儿童会对自己的学习潜力产生信心。那些蕴含智慧或者创意满满的项目可能难以实现，随之而来的是挫败和沮丧的情绪。就像在乐园里，孩子们需要学会不发脾气地在攀爬架上玩耍。使用 ScratchJr 的孩子必须学习如何控制自己的挫败感，这是使他们有信心学习新技能的重要一步。

传统课堂会形成这样一种文化——期待中的事情往往不会发生，也没有什么能够促使其发生。但是当孩子们编写不同程序时，他们渐渐发现自己能够通过多次尝试，或是通过不同的策略，或是通过寻求帮助来最终找到解决方案。

积极技术发展框架需要那些旨在促进协作的编程体验。但如果只有一个有屏幕的设备，那么这一目标的实现将变得有些遥不可及。虽然孩子们可以分组工作，但平板电脑本身的设计只允许由一个孩子进行控制。在其发展能力的限定范围内，孩子们组成团队来讨论他们的想法。当孩子们不再热衷于各自独立平行地进行游戏时，他们会学习如何一起工作。要求多个孩子共同操纵一个单独的对象会给我们的教育带来一定的挑战。ScratchJr 没有专门用于促进儿童之间合作的设计。该平台是专为单个用户设计的平板电脑。因此，如前所述，合作指的是一种教学策略而非工具上的共享。

沟通亦是如此：因为孩子们需要交流空间，所以乐园能够促进孩子之间的互动性，而平板电脑却将注意力引向孩子自身。两个孩子可能肩并肩地共同使用 ScratchJr，但它并不旨在促进交流，而是为了配合教学选择和教学策略。这强调了课程在设计与积极技术发展框架方面相一致的重要性。我们必须教会孩子们如何沟通，否则他们很容易忘记其在幼儿时期获得的编程知识。

与此同时，乐园本身并没有培养社区意识，但是社区可以为建立社群开展切实的行动。运用 Reggio Emilia 的方法，在幼儿时期推广社区构建活动能够促使每个儿童对更广泛的社群做出贡献。在 ScratchJr 中，我们添加了"共享"功能，孩子们可以与老师和亲人分享他们的项目。我们还在为成人用户开发在线支持网络。此外，我们正在组织 ScratchJr 家庭日活动，让父母、孩子、兄弟姐妹和祖父母齐聚一堂，共同完成编程项目，教学相长。

积极技术发展框架使我们意识到选择行为的重要性。在乐园中，孩子们常常会面临各种挑战：他们在玩滑梯时是直接插队还是耐心排队呢？在看到被遗忘在沙箱中的漂亮黄色卡车时，他们是将它带回家，还是留下它，以便它的主人以后找到它呢？虽然每天都会在乐园中遭遇到各种问题，但在编程环境中，观察这些问题更加困难。在课堂上，此类情况会更为突出，比如与其他人成为好伙伴并分享平板电脑，也比如一些更加微妙的方式。

例如，在强尼（Johnny）完成他的项目之后，他是选择帮助教室里的其他人还是悄悄地做其他事情呢？当玛丽遇到一个棘手的问题时，她是应该不断寻求帮助还是应该自己尝试一下，以免耗费老师的所有注意力呢？ScratchJr 编程应用程序不会让孩子们通过行为的选择来激发对价值观的审视以及对性格特征的探索。这再一次涉及教师的教学选择和学习环境的设置。

ScratchJr 为做同样的事情提供了多种可能的途径——选择于是就成为了一种"必需品"。就像在乐园中一样，编程必须为儿童提供机会，让他们尝试"假设"问题并考虑选择所带来的潜在后果。即使在编程时，道德标准也存在于生活的各个领域。在设计 ScratchJr 时，我们审慎采用了乐园的象征作用。当我们发现自己受到工具本身的限制时，我们开发了课程和活动方案以帮助教师和家长创造有趣的学习环境，从而促进积极技术发展的 6C 模型。然而，虽然我们已然竭尽全力，但我们仍受到了平板电脑屏幕格式的限制。在乐园中，孩子们之所以能够享受到极大的乐趣，这都是因为他们可以自由地四处走动和亲身体验，而不仅仅是锻炼他们的头脑。

当孩子们跑来跑去、到处攀爬时，他们不仅会提高他们的大肌肉群活动技能——这在童年早期非常有必要，他们也会通过身体进行认知活动。他们在空间中玩耍和操纵有形物体的能力可能有助于他们理解更复杂和抽象的想法。不过，乐园中的物体无法促进儿童的互动行为、面对面交流或目光接触。相比之下，平板电脑却能够做到这一点。通过我另外一个项目——KIBO，我能够解决其中的一些问题。

我会在下一章对此进行全面介绍。

参考文献：

Bers, M. U. (2010). The tangible K robotics program: Applied computational thinking for young children. *Early Childhood Research and Practice,* 12(2), 1 – 20.

Bers, M. U. (2012). *Designing digital experiences for positive youth development: From playpen to playground*. Cary, NC: Oxford.

Bers, M. U., & Resnick, M. (2015). *The official ScratchJr book*. San Francisco, CA: No Starch Press.

Flannery, L. P., Kazakoff, E. R., Bontá, P., Silverman, B., Bers, M. U., & Resnick, M. (2013). Designing ScratchJr: Support for early childhood learning through computer programming. In *Proceedings of the 12th International Conference on Interaction Design and Children (IDC ' 13)*. ACM, New York, NY, USA (1 – 10). doi: 10.1145/2485760.2485785

Lakoff, G., & Johnson, M. (1980). The metaphorical structure of the human conceptual system. *Cognitive science*, 4(2), 195 – 208.

Lee, M.S.C. (2014). *Teaching tools, teacher' s rules: ScratchJr in the classroom* (Master' s Thesis). Retrieved from http://ase.tufts.edu/devtech/Theses/Melissa%20SC%20Lee%20Thesis.pdf

Papert, S. (1980). *Mindstorms: Children, computers, and powerful ideas*. New York: Basic Books.

Portelance, D. J. (2015). *Code and tell: An exploration of peer interviews and computational thinking with ScratchJr in the early childhood classroom* (Master's Thesis). Retrieved from http://ase.tufts.edu/devtech/ Theses/DPortelance_2015.pdf

Portelance, D. J., & Bers, M. U. (2015). Code and tell: Assessing young children's learning of computational thinking using peer video interviews with ScratchJr. In *Proceedings of the 14th International Conference on Interaction Design and Children (IDC '15)*. ACM, Boston, MA, USA.

10 | **KIBO**

艾思拉、马克和萨拉就读于同一所幼儿园。在他们的社会学习课程中，他们对阿拉斯加的风土人情进行了学习。阿拉斯加每年三月会举行爱迪塔罗德雪橇犬比赛。人们会选择一个赶狗拉雪橇的人，不论男女但必须非常强壮，需要有能力带领雪橇犬沿着互联网上设定的道路前行，横贯阿拉斯加，人们会为了各自的队伍加油鼓劲。阿拉斯加人知道每只雪橇犬的名字、了解自身的需求和习惯，也深谙为了在恶劣天气中生存做何种准备，携带什么样的必需品。

教室的墙上挂着一张巨大的阿拉斯加地图，上面标有遍布阿拉斯加全州的各个检查站，从威洛到诺姆，这些站点分布不可谓不广。艾思拉、马克和萨拉通过研究各个种族及其不同的路线学习相关的地理知识。多兰太太还为孩子们大声朗读了相关读物，使孩子们了解爱迪塔罗德的历史。1925 年，诺姆受到了白喉疫情的威胁，但诺姆的抗毒素血清已供不应求。距离最近的抗毒素血清是在距离威洛约 500 英里的安克雷奇，而雪橇犬是将抗毒素血清转移到诺姆的唯一方法。人们制定了一条安全的路线，然后启程运输整整 20 磅重的血清。他们首先使用火车，然后由 20 人带领 100 多只轮班行进的雪橇犬完成最后一段路。自此之后，每年的阿拉斯加爱迪塔罗德雪橇犬比赛都会让往昔再现，多兰太太的幼儿园孩子们也会对这一事件熟记在心。

艾思拉、马克和萨拉研究了阿拉斯加的城镇情况和地理走势，对地形条件的恶劣程度和人们研究出的易行之路都有所了解。他们对该主题进行研究已经超过了两周,并会在今天会将所有的知识付诸实践——自然不是通过考试或完成工作表,而是通过 KIBO 机器人再现阿拉斯加爱迪塔罗德雪橇犬比赛。

多兰太太向孩子们提出了挑战,要求他们对机器人进行编程,使其从一个检查站抵达另一个检查站,始于威洛,终于诺姆。它们需要携带所有生存必需品和患病儿童的救命血清。每个团队都会得到一个 KIBO 和一块厚纸板,纸板的两端标有两个检查站。首先,孩子们需要绘制从一个检查点到另一个检查点的路线,然后根据实际情况对纸板进行装饰,模拟当地的地理场景。随后,他们需要搭建用来携带物品的平台,该平台必须要确保血清运输的安全性,直到抵达终点并同下一个团队完成交接。每个团队都必须保证工程措施坚不可摧,因为阿拉斯加地势起伏较大,谁都不希望物品从雪橇上跌落下来。最后,孩子们需要对机器人进行编程,使其能够从一个检查站安全抵达目的地。

多兰太太把纸板放在图书馆的地板上,制作出一张巨大的阿拉斯加地图。这项工作需要极大的空间才能完成,这也正是他们选择图书馆的原因——教室面积有限。多兰太太为团队中的每个孩子都分配了"角色",包括艺术家、工程师和程序员。孩子们在多兰太太的指示下在桌子上寻找所需要的材料。有些孩子抱怨道不喜欢自己的角色,为此多兰太太则向他们保证,每个孩子都能体验所有的角色,每个角色都有等量的体验时间。

马克走到艺术材料桌旁,拿起记号笔、蜡笔、可回收材料、棉球和胶水。他想在纸板上装饰雪、树木、山脉和狐狸一家。萨拉和艾思拉都希望扮演工程师的角色。经过一番讨论,他们同意先由萨拉扮演这个角色,随后由艾思拉扮演这个角色。萨拉走到机器人桌旁,拿起三个马达、三个轮子,两个木制平台,一个 KIBO 灯泡和一堆传感器。虽然她不太确定那些是什么,但还是想据为己用。艾思拉暂时扮演程序员的角色，他走到一张摆满了不同木块的桌子上，每个木块都标有颜色、图片和他看不懂的单词，而且一端是突起，另一端是小孔——其实这就是KIBO的编程语言。按照多兰太太的指示，艾思拉先选择了绿色的"开始"木块用于启动程序，随后选择了一个红色的"结束"木块，用于结束该程序。随后他又拿起了许多其他不同颜色的木块。

　　过了一会儿，三个孩子再次在阿拉斯加地图上的地点会合。小组们纷纷开始工作，图书馆变得喧嚣起来，需要决定的事情还有不少呢！萨拉制造了一个机器人，两侧安有两台电机和两个轮子，顶部安有一台电机和一个移动平台。她又添加了一盏灯泡和几个传感器，其中一个用作"耳朵"来探测声音，另外一用作个望远镜来衡量距离，还有一个用作"眼睛"来检测灯光。机器人整装待发，只需通过编程让它动起来。马克希望机器人能沿着他在纸板上绘制的路径行进，但艾思拉不确定绿色"开始"木块和红色"结束"木块之间到底需要多少个蓝色"前进"木块。他将四个"前进"木块排成一列，让萨拉进行首次尝试。于是萨拉开始扫描木块：她握住机器人，查看扫描仪发出的红光，确定机器人处于激活状态。她将扫描仪灯与木块上的条形码对齐，然后逐个进行扫描。每当机器人上的绿灯亮起时，马克就会说"是"，以示扫描成功，帮助萨拉核验扫描的准确性。当他们完成对KIBO的编程后将其置于纸板上的小路上，想看看会发生什么。

　　"它前进的时间还是不够长，"萨拉说，"至少还需要有两个'前进'木块。""我不这么认为，"艾思拉回答道，"我觉得我们还需要五个'前进'木块。"几次交流过后，孩子们都忙于估计距离和预测步骤数目，最后他们决定再次进行尝试。通过试错，机器人终于开始了工作。不过有趣的部分刚刚浮现，孩子们设计让机器人听到拍手后就开始移动，因为拍手表示血清已装载到位。同时，在到达最后一个检查站之前，机器人会摇晃并打开红灯，提醒下一个团队做好准备。

当孩子们开始对 KIBO 雪橇进行编程，并练习完成这场接力赛时，图书馆课堂摇身一变，成为了乐园。不同的孩子忙于不同的任务。有些孩子在绘画和装饰，有些孩子用木块进行编程，有些孩子使用胶带和塑料杯来制作运送血清的坚固平台，有些孩子试验不同的传感器，有些孩子计算距离，有些孩子则在为完成运输任务的机器人欢呼，每个人都全情投入，十分尽兴。

欢乐的笑声和沮丧的叹息不绝于耳，孩子们有问有答的声音此起彼伏。他们沉浸在活动中，亦与成年人互动。多兰太太计划在这个活动结束之前先进行一次模拟运行，因为孩子的家人和朋友们受邀在周五早上来到这里观看机器人比赛，并为不同的队伍加油助威。大多数父母都迫不及待地想看看自己孩子的表现，虽然这些孩子还不能识字写作，但却已经能够为机器人编程了。

KIBO：工具

KIBO 是专为 4 至 7 岁儿童设计的机器人组件，让孩子们在做中学、学中做，也正是为了这一目的，KIBO 为不同的实践活动都提供了机会。孩子们可以建造自己的机器人，通过编程让它们完成自己预想中的事情，也可以使用艺术用品对其进行装饰。KIBO 让孩子们有机会将他们的想法变为现实——无须依赖从台式电脑、平板电脑或智能手机上才能获得的虚拟体验。

我的 DevTech 研究小组在 2011 年提出 KIBO 的概念和原型并加以研究，这一项目获得了国家科学基金会（NSF DRL 0735657）的慷慨资助。2014 年，我与米奇·罗森伯格（Mitch Rosenberg）共同创立的公司 KinderLab Robotics 开始在全球销售 KIBO（参阅 www.kinderlabrobotics.com）。

KIBO 采用乐园设计，几乎可以帮助孩子们制作他们想要的一切：故事中的角色、旋转木马、舞蹈家、狗拉雪橇。创作的可能性无穷无尽，与儿童自己的想象力一样没有边界。孩子使用 KIBO 木块将一系列指令（程序）放在一起，用 KIBO 身体扫描木块来告诉机器人该做什么。最后，只需按下按钮即可启动机器人。KIBO 让孩子们成为程序员、工程师、问题解决者、设计师、艺术家、舞蹈家、编舞者和作家。

作为机器人构造组件，KIBO 软件与硬件兼备，软件包括由互锁木块组成的有形编程语言，硬件则为机器人主体、轮子、电机、光输出装置、各种传感器和装饰平台（见图 10.1）。

图 10.1　带有传感器和光输出装置的 KIBO 机器人

每个木块都带有一个彩色标签，上面绘有图标、文字和条形码，它一端是小孔，另一端是突起（参见图 10.2）。木块本身不含电子或数字组件。但 KIBO 机器人则配有一个嵌入式扫描仪。扫描仪允许用户通过扫描木块上的条形码将程序即刻发送到他们的机器人上。使用 KIBO 进行编程时，计算机、平板电脑或其他形式的"屏幕"都是多余。这种设计选择与美国儿科学会的建议一致，即幼儿每天的电子屏幕时间应当受到限制（American Academy of Pediatrics, 2016）。KIBO 的编程语言包含 18 种不同的编程木块。其中一些十分简单，而有些则会代表复杂的编程概念，如循环、条件和嵌套语句等。

图 10.2　KIBO 程序范例。该程序指示机器人旋转并打开蓝灯，然后摇动

KIBO 使用木块的灵感来自于有形编程的早期想法。在 20 世纪 70 年代中期，麻省理工学院标志实验室（Perlman, 1976）的研究员拉迪亚·珀尔曼（Radia Perlman）首先介绍了有形编程的概念，并于 20 年后再度提出（Suzuki & Kato, 1995）。从那时起，世界各地的几个不同研究实验室都先后创建了几种有形语言（e.g., McNerney, 2004; Wyeth & Purchase, 2002; Smith, 2007; Horn & Jacob, 2007; Horn, Crouser, & Bers, 2012; Google Research, 2016）。

与任何其他类型的计算机语言一样，有形的编程语言也是一种告知处理器采取何种操作的工具。对于基于文本的语言，程序员可使用诸如 BEGIN，IF 和 REPEAT 之类的词语来指示计算机操作。而对于 ScratchJr 等可视语言，图片则化身为指令的象征符号，通过屏幕上图标的排列和连接来表达程序；与前两者都不同，有形语言使用物理实体来代表计算机编程的各个方面（Manches & Price, 2011）。

通过 KIBO，孩子们可以安排和连接木块，为他们的机器人提供指令。孩子们利用这些对象的物理属性，以表达和运用语法。例如，KIBO "开始" 木块没有孔，只有一个钉子，因为在开始之前无须放置任何东西；而且 "结束" 木块没有钉子，因为程序结束后没有可供执行的指令（参见图 10.3）。KIBO 中的语言句法（即木块的顺序连接）旨在支持和加强幼儿的排序技能。

图 10.3　KIBO 的"开始"和"结束"木块

为什么用木块制作编程语言？心理上，幼儿和教师对木块都十分熟悉；从材料的可得性上，几乎每个幼儿园都会备有木块。通常它们在幼儿教室中用来教授形状、大小和颜色（Froebel, 1826; Montessori & Gutek, 2004）。表 10.1 列出了目前可用于 KIBO 的编程木块。随着新传感器模块的开发，我们也会发布新的编程块。

表 10.1　KIBO 的编程木块语言

KIBO 编程木块	编程木块功能
BEGIN	每个程序中的第一个编程木块，指示机器人启动。
END	每个程序中的最后一个编程木块，指示机器人停止。
FORWARD	指示 KIBO 向前移动数英寸。
BACKWARD	指示 KIBO 向后移动数英寸。
SPIN	指示 KIBO 转圈。
SHAKE	指示 KIBO 从左向右摇晃。

KIBO 编程木块	编程木块功能
TURN LEFT	指示 KIBO 左转。
TURN RIGHT	指示 KIBO 右转。
WHITE LIGHT ON	打开 KIBO 的白光灯泡。
RED LIGHT ON	打开 KIBO 的红光灯泡。
BLUE LIGHT ON	打开 KIBO 的蓝光灯泡。
SING	指示 KIBO "唱歌"，即播放一系列自动曲调。
BEEP	指示 KIBO 发出"嘟嘟"声。
PLAY △ PLAY ○ PLAY □	播放用 KIBO 录音机录制的声音。
WAIT FOR CLAP	当连接声音传感器时，此木块指示 KIBO 停止并等待声音，然后继续执行程序中的下一个动作。
REPEAT	此木块用于打开"重复循环"，重复循环允许 KIBO 某一组特定序列的木块重复特定次数。
END REPEAT	此木块用于关闭"重复循环"。
IF	此木块用于打开"条件语句"。条件语句要求 KIBO 根据传感器的输入来决定采取何种操作。
END IF	此木块用于关闭"条件语句"。

KIBO 编程木块	编程木块功能
	除了 KIBO 当前语言中的 18 个木块之外，还有 12 个参数可用于修改重复循环和条件语句，以指示 KIBO 重复操作的次数或决定哪种类型的传感器对输入的信息进行反应。

除了有形的编程语言，KIBO 机器人还配备了传感器和执行器（电机和灯泡）以及装饰平台。这些模块可以在机器人主体上进行自由的替换和组合。

每个传感器的设计不仅富有美感，还要表达一定的意义，耳形部分是声音传感器，眼形部分是光传感器，望远镜形部分是距离传感器。在儿童认知发展的后期阶段（4 至 6 岁），儿童对符号系统的文化学习将不断深入，也会在与物理和社会世界的互动时刻应用学习所得。因此，我们明确强调设计特征需要具有象征性的含义表达。

"感知"能力包括两方面：机器人收集其环境信息的能力以及对这些信息进行反馈的能力。声音传感器用于区分"嘈杂"和"安静"这两个概念。使用声音传感器，可以为机器人进行编程，要求其在嘈杂和安静时分别执行不同的指令。光传感器用于区分"暗"和"明"两个概念。孩子们可以对机器人进行编程，使其在昏暗环境和明亮环境中执行不同的指令。最后，距离传感器用于检测机器人是否距某一物体越来越近，孩子们可以通过编程机器人，使其在接近某物和远离时执行不同的指令。录音机模块包括输入和输出特性（参见图 10.5）。该录音机允许 KIBO 录制声音（输入），也可以使用相应的编程块播放声音（输出）。光输出设备的形状类似于灯泡，由不同颜色的透明塑料制成，因此儿童能够明确区分输入和输出的概念（见图 10.4）。

图 10.4　三个传感器（从左至右：距离、声音、灯光）和灯泡

传感器的使用与大多数幼儿课程完全一致，这些课程让儿童能够参与探索人类和动物感受器的奥妙之处。例如，在大多数儿童早期教育的教室中，孩子们已经开始探索自己的视觉、听觉、味觉、触觉和嗅觉这五种感官，同样，他们也可以将这些知识用于探索 KIBO 的机器人传感器。例如，他们可以将自己的声音与 KIBO 的声音传感器相类比。

图 10.5　KIBO 的录音机及相应木块

机器人包括三个电机，两个可以分别连接到机器人的两侧用于移动，而另外一个可以置于顶部，给旋转装饰平台等附接元件提供动力。孩子们可以决定他们想要

连接哪些电机，但他们无法控制电机的速度。这种设计特点一方面突出了我们的设计兼顾了学习环境中灵活性和兴奋感的重要性，同时也考虑到儿童注意力有限的特点，防止儿童工作记忆超载。

KIBO 工具包还包含用于展现艺术美感的装饰平台和表达模块（参见图 10.6 ）。通过这些装饰材料，孩子们可以对其项目进行个性化装饰，彰显 STEAM 融合后的效果。装饰平台连接在 KIBO 的顶部，可动可静，为儿童创造性地使用不同材料提供用武之地。此外，电动装饰平台可以使机器人设计更具多样性。例如，儿童可以构建动力雕塑和动画立体模型。表现模块材料包括白板、各类标记和小旗杆。孩子们可以用图片和文字装饰白板，或者用纸或织物制作自己的旗帜并用旗杆插入其中。

图 10.6　装饰用品及 KIBO 的装饰平台和白板

KIBO：过程

起初，2011 年的 KIBO 有一个不同的名字。我们称之为 KIWI（充满想象力的儿童发明）。我的 DevTech 研究小组中的学生选择了这个缩写词。但是，这一名称有其潜在冲突，因此我们将其改换为 KIBO。它的发音让我们心生喜爱，我们还认为这个词是孩子（Kids）与机器人（Bot）（来自机器人一词）的合并词，有助于提醒孩子们留意 KIBO 是一种关联孩子与机器人的方法。

KIBO 在问世之前有许多原型设计。国家科学基金会为每项研究都提供了资助（DRL-1118897，DRL-0735657），而我们团队从成功的 Kickstarter 活动中获得了额外的投资。我们与早期教育工作者、儿童和专家的合作贯穿开发和测试的始终，想要创建一个既适合年龄，又直观有吸引力，同时也不失挑战性的机器人。

我们希望 KIBO 在儿童早期教育中支持适宜儿童发展的实践，通常简写为 DAP（Bredekamp，1987）。DAP 是一种教学方法，主要基于对幼儿发展和学习的研究以及对有效早期教育的了解（Bredekamp，1987; Copple & Bredekamp，2009）。我们还希望它成为一个有形的编程乐园，在乐园中，儿童能够获得计算机科学的强大理念，发展编程思维，同时参与积极技术发展框架的六种积极行为。基于此，KIBO 被设计为：

- 年龄适宜性：其设计特点是为幼儿设立有趣、安全、可实现和具有挑战性的合理期望；
- 个体适宜性：适用于具有不同学习风格、知识背景、知识技能和技术领域技能以及不同发展能力和自律能力的儿童；
- 社会和文化适合性：KIBO 可以与多个学科结合使用，支持州和国家规定框架内的跨学科课程的教学。

我们对 KIBO 的早期研究中，使用了 LEGO WeDo 和 LEGO MINDSTORMS

等商用机器人组件进行试验研究，这些机器人组件专为年龄较大的儿童设计。我们观察了儿童在其中所面临的挑战、所获得的发现以及与老师对他们经历的评价，并从中获益匪浅。大多数早期研究结果收录在《机器人编程块》（Blocks to Robots）一书中（Bers, 2008）。我们在一部分研究中使用了这些组件附带的商用软件；在其他部分的研究中，我当时的学生麦克·霍恩（Mike Horn）将 LEGO MINDSTORMS 黄砖与其开发的有形编程语言联系起来，纳入到他的博士论文成果 TERN 中。后来，我的团队中的另外两名学生乔丹·克劳译和大卫·基格对该项目进行了扩展，并创建了语言 CHERP（机器人编程的创意混合环境）（Bers, 2010）。TERN 和 CHERP 都需要连接到台式电脑或笔记本电脑的标准网络摄像头来拍摄程序的照片，包括具有圆形条形码的木块或拼图，视觉软件能够轻松识别这些条码。随后，电脑将图像转换为数字代码。我们进行了海量研究，以了解这些机器人组件的功能以及需要改变的内容（Sullioan, Elkin, & Bers, 2015）。

通过试点测试和焦点小组的活动，我们终于发现了 KIBO 所需的、既能够在物理上简单连接又能够在直觉上轻松感知的部件。我们也知道，如果能够让儿童的编程脱离对计算机的依赖就再好不过了。我们还获悉，儿童和教师都希望能将各种工艺品和再生材料附加到机器人的核心零件上，从而能够制作不同类型的固定效果和移动效果。这些一般原则构成了我们设计的基石，我们也为所需的设计特征制定了相应的的列表。同时，得益于国家科学基金会的资助，我们得以聘顾问团队对这些想法加以实现，并制作原始模型。第一个 KIBO 原型（当时称为"KIWI"）尚需使用 CHERP 进行编程，需要计算机和网络摄像头来拍摄木块，并通过 USB 接线将程序发送给机器人。该机器人由实木和不透明蓝色塑料模块组成（参见图 10.7）。

图 10.7 KIWI 原型

我们手工制作了十个原型，并在焦点小组、专业发展研讨会和教室中对其分别进行测试（Bers, Seddighin, & Sullivan, 2013; Sullivan, Elkin, & Bers, 2015; Sullivan & Bers, 2015）。我们咨询了众多老师，想知道他们对 KIBO 的设计持怎样的看法，以及在其实用性方面有哪些提议，主要涵盖以下几个方面：1）教授基本的工程概念——建造坚固的建筑物；2）教授基础编程概念，如排序、重复循环和条件分支；3）开放式创意和艺术设计。

老师们大体上来说都非常兴奋，他们被简单性的设计和木质材料的应用深深吸引。然而，对于如何以一种兼具可持续性和可操作性的方式在教室中使用我们的原始设计，老师们也提出了几点质疑。他们表示，对机器人进行编程时应使用极少或不使用计算机设备，无论是站在物流的角度（例如，大多数教师在幼儿园教室没有足够的电脑，并且对这些资源的访问权限有限）还是儿童发展的角度（例如，老师担心屏幕时间和儿童使用键盘和鼠标的情况），这一点都举足轻重。

2013 年，我们收集了来自 32 名幼儿教育工作者的反馈数据，其中包括他们的态度、意见和经验，这为原型的重新设计提供了有效信息（Bers, Seddighin, &

Sullivan, 2013）。结果表明，第一版 KIBO 成功地让儿童体验了基础编程技能。然而，由于它的机器人部件组装过于简单，并不能做到让儿童充分参与工程问题解决或创意艺术设计。

从第一个原型的早期测试开始，我们一直获益良多，我们聘请了一个新的顾问团队，也聘请了许多志愿者、教师和学生来与我们合作完成下一个原型。第二个原型的主体由 3D 打印机打印出来，取代了最初的木质材料。它还配有嵌入式扫描仪，从而摆脱了计算机的限制，这直接解决了教师对幼儿教室计算机可用性和幼儿屏幕时间的担忧。此外，较新的 KIBO 原型在塑料底部采用透明设计，让儿童可以看到电线、电池、微处理器以及其他与机器人功能相关的部件，机器人体内安装的电子元件不再是"神奇黑箱"（参见图 10.8）。

图 10.8 KIBO 机器人的透明底面

为了满足更多"工程"的需求，我们为车轮与电机的连接设计了两种不同方式，这促使孩子们测试如何改变车轮的方向以使机器人呈现出不同的运动方式。我们也重新设计了两个传感器和光输出组件的形状和外观，以方便与孩子们共同完成早期测试。例如，我们改变了距离传感器——它原本是一种难以识别的蓝色望远镜外形。

此外，我们还使用了装饰平台，为孩子们提供更多构建和创造的方式，将艺术、工艺品和再生材料与机器人组件结合在一起，扩展了 KIBO 的使用范围。

简单之中的复杂性

随着新原型的制作，电路板、机器人组件和机器人主体的外观和功能都发生了变化。然而，新原型仍保留了其核心设计原则：简单性。KIBO 有一个"即插即用"的连接系统。可以直观且轻松地连接和断开机器人部件或模块。启动它们本身具有的功能，无须其它步骤，只需直接插入即可。此外，KIBO 的设计确保了每一零件都有正确的功能定位。

每个基本编程指令都对应着一个机器人动作，每个机器人组件都对应着一个功能。例如，每个动作仅需要一个模块（即，需要马达模块来移动机器人齿轮或连接器等）。这种设计选择能为认知发展阶段理论对应的阶段提供里程碑式的支持，它是孩子们日后学术成功的基石之一。

构建和编程 KIBO 的方式是有限的。因为机器人采用有限数量的组件类型，所以这些组件可能的排列和组合方式也同样是有限的。儿童的控制点受到限制，他们可以告诉机器人向前或向后，但不能指示行进速度。传感器会感知触发物体存在与否，但无法感知不同刺激之间的差异程度。这一设计原则是以研究结果为基础设定的，即，在这个年龄段，儿童的工作记忆能力通常有限，并且刚刚开始能在头脑中构想出多步骤指令（Shonkoff, Duncan, Fisher, Magnuson, & Raver, 2011）。

每一次原型的迭代优化都目标明确，稳定保留 KIBO 的美学特征。其"未完成"的外观使孩子们能够使用他们自己的想象力，创作自己的机器人。就像一块空白的帆布或未经雕刻的黏土，KIBO 鼓励孩子们在上面添加自己的色彩。这极大地支持各种感官发展和美学体验的积淀。

机器人的设计便于儿童操作，它不易解体，零件大到能够保障儿童安全，不会发生意外吞咽。即使 4 岁儿童调皮地摆弄 KIBO（例如掉落、撞墙等），KIBO 仍能够保持完整。这有助于儿童培养小肌肉群的运动技能并扩展其自我约束的实践能力。

KIBO 的设计旨在将解决问题的焦点从低级问题（即语法和连接错误）转移到高级问题（即创建与目标匹配的程序）。机器人的机身具有合适的重量和大小，方便儿童手动操作。机器人的大小便于共享，从而促进社交互动。这使得儿童以适宜发展的方式参与到解决问题的过程中，同时也将他们自我约束的能力纳入考量。此外，它还促进了编程读写能力知识的发展，使机器人为个性表达和交流服务。

KIBO 可以轻易的与读写能力相结合。编程语言将标志性的图像和简单的单词配对，以便于儿童了解排序，这是读写能力发展的基础技能。跨学科课程正是适宜发展实践的必需品。KIBO 支持综合学习。例如，儿童会遇到数量、大小、测量、距离、时间、计数、方向性和估计等概念。同时，他们也会学习和应用新的词汇单词，与老师和同学进行交流，并在他们的设计日志上书写或绘制笔记。

从实验室走向世界

多年来，我的 DevTech 研究小组对 3D 打印的 KIBO 原型进行了多项研究。

这些研究表明，从幼儿园开始，孩子们就有掌握基本机器人技能和编程技能的潜力，而年龄较大的孩子（一年级和二年级）可以在相同的时间内掌握越来越复杂的概念（Sullivan & Bers, 2015）。我们从对儿童和教师的试点研究出发，对设计原型进行了更新和再设计（Sullivan, Elkin, & Bers, 2015）。

我们开发了与 KIBO 配套的课程、教学材料和评估工具。这些材料包括游戏、歌曲和活动（其中许多可以在不使用机器人或编程块的情况下完成），这些强化了由 KIBO 引入的计算和工程概念。我们已经开发了近十几个课程单元，将 KIBO 与 STEM 学科以及社会科学、文化和艺术相结合。这些课程单元符合国家和国际 STEM 标准。其中一些课程范例包括：《移动的奥秘》（How Things Move），是与探索与运动、光和摩擦有关的基础物理学连接，同时让儿童参与工程和编程思维；《感知我们周围的世界》（Sensing the World Around Us），了解传感器的工作原理，特别是三个 KIBO 传感器：光、距离和声音；《全球舞蹈集锦》（Dances from Around the World），让孩子们参与全球舞蹈机器人的制作和编程；《模式纵览》（Patterns All Around Us），将数学和模式的研究与机器人技术相结合。与此同时，我们为教育工作者创建了一个在线资源——早期儿童机器人网络（Early Childhood Robotics Network），从这里可以获取到免费的课程资源。相关详情参阅 www.tkroboticsnetwork.ning.com。

时间如白驹过隙，我们打造的 KIBO 原型的消息开始传播。在做演讲时，众多父母和老师、研究人员和相关从业者经常会问我："我怎样才能得到一套 KIBO 机器人组件呢？"一段时间以来，我都无法给出一个适合的答案，因为 KIBO 不过是我们 DevTech 实验室手工制作的原型。我开始感到沮丧，也经常问自己：如果我们无法将其提供给大众，我们的研究意义何在呢？

在与国家科学基金会的沟通中，我了解到了小企业创新研究（SBIR）计划，该计划可以帮助我将 KIBO 研究从实验室引入商业企业。我深谙，与掌握不同技能的人合作是当代的必然选择，因为我并不了解那些适于商业企业的发展要素。我的朋友 Mitch Rosenberg 是一位就职于几家机器人初创企业的资深高管，当我们在波士顿附近的瓦尔登湖散步时，他决定和我一起追求他的长期梦想：改善 STEM 教育。

我们共同创立了 KinderLab Robotics 股份有限公司，目标是实现 KIBO 的商业化，并在全球范围内进行推广。KinderLab Robotics 在 SBIR 第一阶段、第 IB 阶段和第二阶段获得了国家科学基金会提供的启动资金。此外，成功的 Kichstarter 活动也为我们提供了更多的资助。2014 年，KIBO 首次通过 KinderLab Robotics 进行商业化销售。

今天的 KIBO

自 2014 年推出以来，KIBO 已在美国及国外的私立和公立学校、博物馆和图书馆、课后计划和夏令营中全面应用。各种课程中也能够看到 KIBO 的身影，无论这些课程是关于科学还是关于读写能力，还是关于社交情感概念。值得一提的是，KIBO 已针对罹患自闭症的儿童进行了试点研究。

在马萨诸塞州萨默维尔（Somerville）的一所当地公立学校，幼儿教师实施了 K-2 等级的机器人课程，目的是培养学生们的参与亲社会行为和社区建设。学生们还对他们的机器人进行编程，以展示孩子们经常忘记的尊重行为和学校规则。例如，一名学生创建了一个机器人，提醒学生在辅导时间听从老师的安排；还有一名学生创造了一个机器人，用于演示在走廊保持安静，只有在到达操场时才能大声说笑。

在夏令营中，KIBO 以有趣的方式将读写能力和艺术带入生活。在这个为期一周的训练营中，学生们每天都会阅读不同的书籍，并对他们的机器人进行编程，以"表演"每本书中最喜欢的场景以及可能的其他结局。作为最后一项活动，孩子们阅读了莫里斯·森达克（Maurice Sendak）的知名儿童故事书《野兽家园》（Where the Wild Things Are）。孩子们将故事作为灵感之源，设计并制造了他们自己的 KIBO 怪物，并对它们进行了编程，表演了"狂野派对（Wild Rumpus）"的场景（即狂野的怪物派对）。

在另一堂 KIBO 课程中，学生们以"超级英雄"为主题探索机器人和编程。他们开展小组讨论来回答这样一个问题："是什么塑造了超级英雄？"最初，孩子们的想法主要集中在超能力上，如飞行、超强度和隐形。这些是他们最喜欢的卡通超级英雄，如超人（Superman）、超人总动员（Incredibles）所特有的特征。然而，当想到许多超级恶人或经典的"反派"角色也拥有众多超级能力时，孩子们得出了一个新的结论：超级英雄会竭尽全力让世界"变得更美好"。这个班级列出了一长串他们称之为"平凡英雄"的名单，其中包括消防员、教师、医生，甚至他们的父母和朋友。他们还讨论了成为"学校超级英雄"的各种方式，例如：帮助老师，互助友爱，相互尊重等等。他们创造 KIBO 超级英雄机器人的灵感来源于自身了解的真实的平凡英雄，还结合了他们幻想中最喜爱的超级英雄能力。例如，许多孩子使用传感器为他们的超级 KIBO 设计"超级感官"，使其能够执行特殊任务。一个男孩用 KIBO 的声音传感器讲述了一个故事，主旨是他的机器人英雄如何倾听人们的愿望，然后帮助他们将之化为现实。

KIBO 提供了一个编程乐园。正如前述的多种体验一样，孩子们可以在欢愉中编写个人项目，同时真正融入第 8 章中积极技术发展框架的六种积极行为（6C 模式），以丰富儿童乐园的体验：内容创造、创新力、协作、沟通、行为选择和社区建设（Bers，2012）。

KIBO 与积极技术发展

KIBO 让孩子们制作自己的机器人并进行编程（即创建内容）。构建所需的工程设计过程和编程中涉及的编程思维增长了孩子们的计算机知识，磨砺了孩子们的技术流畅性。

在创作过程中记录设计日志的课堂实践使孩子（以及教师和家长）能够清晰掌握自己的想法、自己的学习轨迹以及项目的发展情况。同科学方法一样，工程设计过程的正式步骤包括：提出问题，进行研究，规划，开发原型，测试，重新设计和共享解决方案，这为学生提供了系统解决问题的工具（参见图 10.9）。

与追求效率相反，KIBO 在解决问题方面旨在提高创新能力。该方法立足于"工程"一词的原始含义，拉丁语中的"工程"是"ingenium"，意思是"天生的品质、精神的力量、聪明的发明"。在以创新性方式解决问题的过程中，儿童逐渐对自身的学习潜力树立了自信。

图 10.9　"我的 KIBO"工程设计日志

诸如国家机器人挑战赛（National Robotics Challenge）和 FIRST（科学技术启发与识别）等针对年长儿童的项目中，大多数赛程都要求机器人完成某些给定任务，机器人之间相互竞争，以超越彼此为目标。然而，研究表明，女性往往对强调竞争的教学策略反应不佳；这种策略也可能并不适合幼儿时期的教育（珀斯，2008）。如多兰太太的班级所示，借助 KIBO，学习环境不再专注于竞争，而是促进彼此分享和相互关心。

积极技术发展框架说明了提供交流机会的重要性。KIBO 的大部分工作都是在团队中进行的，我们一方面要求孩子们与整个团队进行有条理的沟通，也同样鼓励孩子们与同龄人或是老师进行一对一的交流。在技术协助期间，老师邀请孩子们展示自己的项目，并询问各种相关的问题，例如"哪些工作能够按预期完成，哪些不能？""你想要完成什么？""想要完成这项工作，你需要了解些什么？""你希望实现的目标是什么？"然后，老师会根据儿童的项目和问题，着重强调一系列强大理念。

与 KIBO 一起学习是一份"艰难之趣"，这趟旅程包含了大量的工作。按照积极技术发展框架，我们需要一个开放的场地以邀请朋友和家人观看和参与 KIBO 项目。这与多兰夫人的幼儿园课程中发生的情况类似。大多数成年人在亲眼见证前无法相信自己的孩子们在能够缔造出复杂项目，公共展示活动使学习过程可视化，也使孩子们能够见证自己的学习之旅。

行为选择是积极技术发展框架提出的最后一个行为，旨在提醒教师为孩子们提供实验来"假设"问题和思考潜在后果的机会。但是，行为选择不仅仅是针对孩子行为的一种描述，老师也同样是选择的主体之一。例如，如果按类型将 KIBO 传感器进行分类，并放置在房间中央的箱子中（而不是作为预先排序的机器人组件分发给每个孩子或每个小组），孩子们就要学会在不耗尽箱子内"必需"物品的情况下获取自身所需，在此过程中他们还学习了如何与人沟通。积极技术发展方法指导我们帮助幼儿发展其内心的罗盘。这个罗盘将把幼儿的行为引向正义和责任，而不仅仅是成为 KIBO 机器人的专家。

新加坡范例

上文所述的大多数示例都显示了各个教室或学校、博物馆或图书馆如何以不同的方式使用 KIBO 机器人。然而，新加坡正在实施一项全国性项目，将 KIBO 和其他技术融合，共同应用于全国所有的幼儿园教室。和许多其他国家一样，新加坡清楚地了解到学校对工程和计算机教育的需求日益增长。凭借敏锐的洞察力，新加坡资讯通信发展局（IDA[1]）的执行副主席史蒂夫·莱昂纳德（Steve Leonard）[①] 表示，"新加坡正发展成为一个智慧国家，我们的孩子将需要技术进行创新。"。因此，新加坡政府最近推出了一项名为"PlayMaker Programme"的倡议，旨在向儿童介绍技术。该计划的目标是为 4 至 7 岁的儿童提供数字工具，让他们获得乐趣，解决问题，同时以适宜发展的方式树立信心并增强创新能力。

根据新加坡资讯通信媒体发展局（IMDA）[②] 的教育主任的介绍，新加坡正尝试改变幼儿园环境中的技术概念，从基于屏幕的方法转变为以创客为中心的方法。这个愿景与我的"编程乐园"法不谋而合。我受邀为第一批幼儿教师进行培训，这也构成了 PlayMaker Programme 倡议的一部分，得以在不同的中心进行深入研究，从而了解 KIBO 的学习成果。新加坡的 160 所学前中心都得到了一套适合儿童年龄和发展的技术玩具，这些玩具包括：Bee-Bot、Circuit Stickers、

---

① 史蒂夫·莱昂纳德于 2013 年 6 月至 2016 年 6 月担任新加坡资讯通信发展局（IDA Singapore）的执行副主席。

② 新加坡资讯通信媒体发展局（IMDA）于 2016 年 9 月由新加坡资讯通信发展局重组。

LittleBits 和 KIBO 机器人，使孩子们得以真正参与到机器人、编程、建筑和工程之中，此外，早期儿童教育工作者还得到了教学培训和现场支持，其内容包括玩具使用方法、教授中心课程的必备辅助工具等等。

我们的研究重点是研究问题，例如：

1. 学前儿童在了解 KIBO 后掌握了哪些编程概念?

2. 在参与 KIBO 机器人课程时，孩子是如何参与到积极技术发展框架各方面中的?

3. 参与教师有何体验? 他们认为这项倡议的哪些方面值得借鉴? 又有哪些领域需要改进?

我们对 KIBO 机器人的探索主要基于《全球舞蹈集锦》(Dances from Around the World) 这一 DevTech 课程单元。该课程单元旨在通过使用工程工具和编程工具，对音乐、舞蹈和文化进行整合，让儿童真正沉浸在 STEAM 内容之中。该课程单元目的明确——吸引新加坡社区的多元文化。虽然新加坡实行双语教育政策，但政府学校的所有学生都以英语为基本语言。除了英语，学生还会学习另一种叫做"母语"的语言，可能是汉语普通话、马来语或泰米尔语。由于新加坡的学生语言不通，文化背景各异，因此《全球舞蹈集锦》课程很容易与学前班教授的文化欣赏和认知课程单元相融合。《全球舞蹈集锦》课程的实践正植根于积极技术发展框架。

在大约七周的时间里，教师向学生介绍了新的机器人或编程概念。虽然大多数教师在使用技术进行教学时通常也是新手，但这并未给教学带来障碍。"虽然我们对此了解有限，但我们的兴趣却十分浓厚，只需要接触、学习和了解这些技术的运作方式"一位年轻的教师这样总结（Sullioan & Bers, 2017）。课程频率为每周一次，课程时长为一个小时，课程结业考核为孩子们的最终作品。该课程涵盖了从基本排序到条件陈述的所有概念；而对于最终作品的制作，学生们则可以采取双人搭档或小组合作的方式来共同设计、构建和编写全球文化舞蹈作品。这项活动需要学生运用在整个课程学习过程中的知识积淀，而所有团队最终都会制作出具有功能性的 KIBO 机器人作品，并在最终演示环节加以展示。

所有团队都使用了两台或两台以上的电机，并成功地整合了艺术装饰、手工作品和再生材料来彰显他们选择的舞蹈风格。许多团队还使用了传感器和高级编程概念，如重复循环和条件语句（Sullioan & Bers, 2017）。学生和教师也采用音乐、舞蹈、服饰和表演等其他方式成功地将艺术元素融入最终作品之中。例如，有些团队将他们的 KIBO 装饰为新加坡的不同民族风格，并配合该民族的特有音乐。有些团队的孩子们身穿民族服饰，与其机器人所代表的文化相吻合，孩子们与机器人一起表演、舞蹈和歌唱。教室成为了载歌载舞的乐园。是什么促成了这一目标的实现？KIBO 不仅被设计为一个适宜发展的工具，亦体现出了课程的开放性，同时也反映出积极技术发展框架与新加坡教育环境、教学方法之间的美妙结合。

新加坡资讯通信媒体发展局（IMDA）的教育与行业创新部的高级主管 Adeline Yeo 参观了一个学习节（Learning Festival）活动。这个活动的组织者已经在 33 个学前中心实施了 PlayMaker 和 KIBO 项目，随后分享了此次活动中孩子和老师给她留下的难忘回忆。她讲述了一个特殊的经历："老师尝试了不同的程序让 KIBO 像旋转木马一样转圈。最后，他们拆下了轮子并将其编程为永远左转。这包含了出色的问题解决能力和协作能力，我们正在把老师培养成工程师！"（参见图 10.10）。

图 10.10 由参加新加坡学习节的教师制造的 KIBO 旋转木马

参考文献：

American Academy of Pediatrics Council on Communications and Media. (2016). Media and young minds. *Pediatrics*, 138(5).

Bers, M. (2008). Blocks to robots: *Learning with technology in the early childhood classroom*. New York, NY: Teachers College Press.

Bers, M. U. (2010). The tangible K robotics program: Applied computational thinking for young children. *Early Childhood Research and Practice,* 12(2).

Bers, M. U. (2012). *Designing digital experiences for positive youth development: From playpen to playground*. Cary, NC: Oxford.

Bers, M. U., Seddighin, S., & Sullivan, A. (2013). Ready for robotics: Bringing together the T and E of STEM in early childhood teacher education. *Journal of Technology and Teacher Education*, 21(3), 355 – 377.

Bredekamp, S. (1987). *Developmentally appropriate practice in early childhood programs serving children from birth through age 8*. National Association for the Education of Young Children.

Chambers, J. (2015). Inside Singapore's plans for robots in pre-schools. *GovInsider*.

Copple, C., & Bredekamp, S. (2009). *Developmentally appropriate practice in early childhood programs serving children from birth through age 8*. 1313 L Street NW Suite 500, Washington, DC 22205 – 4101: National Association for the Education of Young Children.

DevTech Research Group. (2015). *Dances from around the world robotics curriculum*. Retrieved from http://tkroboticsnetwork.ning.com/page/robotics-curriculum

Digital News Asia. (2015). IDA launches $1.5m pilot to roll out tech toys for preschoolers. Retrieved from: https://www.digitalnewsasia.com/digital-economy/ida-launches-pilot-to-roll-out-tech-toys-for-preschoolers

Froebel, F. (1826). *On the education of man (Die Menschenerziehung)*. Keilhau/Leipzig: Wienbrach.

Google, Research. (2016, June). *Project Bloks: Designing a development platform for tangible programming for children* [Position paper]. Retrieved from https://projectbloks.withgoogle.com/static/Project_Bloks_position_paper_June_2016.pdf

Horn, M. S., Crouser, R. J., & Bers, M. U. (2012). Tangible interaction and learning: The case for a hybrid approach. *Personal and Ubiquitous*

Computing, 16(4), 379 - 389.

Horn, M. S., & Jacob, R. J. (2007). Tangible programming in the classroom with tern. In *CHI' 07 extended abstracts on human factors in computing systems* (pp. 1965 - 1970). ACM.

IDA Singapore. (2015). *IDA supports preschool centres with technologyenabled toys to build creativity and confidence in learning.* Retrieved from www.ida.gov.sg/About-Us/Newsroom/Media-Releases/2015/IDAsupports-preschool-centres-with-technology-enabled-toys-to-buildcreativity-and-confi dence-in-learning

Manches, A., & Price, S. (2011). Designing learning representations around physical manipulation: Hands and objects. In *Proceedings of the 10th International Conference on Interaction Design and Children* (pp. 81 - 89). ACM.

McNerney, T. S. (2004). From turtles to tangible programming bricks: Explorations in physical language design. *Personal and Ubiquitous Computing,* 8(5), 326 - 337.

Montessori, M., & Gutek, G. L. (2004). *The Montessori method: The origins of an educational innovation: Including an abridged and annotated edition of Maria Montessori's the Montessori method.* Lanham, MD: Rowman & Littlefi eld Publishers.

Perlman, R. (1976). *Using Computer Technology to Provide a Creative Learning Environment for Preschool Children.* MIT Logo Memo #24, Cambridge, MA.

Shonkoff, J. P., Duncan, G. J., Fisher, P. A., Magnuson, K., & Raver, C. (2011). Building the brain's "air traffi c control" system: How early experiences shape the development of executive function. Working Paper

No. 11.

Smith, A. C. (2007). Using magnets in physical blocks that behave as programming objects. In *Proceedings of the 1st International Conference on Tangible and Embedded Interaction* (pp. 147 - 150). ACM.

Sullivan, A., & Bers, M. U. (2015). Robotics in the early childhood classroom: Learning outcomes from an 8-week robotics curriculum in prekindergarten through second grade. *International Journal of Technology and Design Education*. Online First.

Sullivan, A., & Bers, M. U. (2017). Dancing robots: Integrating art, music, and robotics in Singapore's early childhood centers. *International Journal of Technology and Design Education*. Online First. doi:10.1007/s10798-017-9397-0

Sullivan, A., Elkin, M., & Bers, M. U. (2015). KIBO robot demo: Engaging young children in programming and engineering. In *Proceedings of the 14th International Conference on Interaction Design and Children (IDC '15)*. ACM, Boston, MA, USA.

Suzuki, H., & Kato, H. (1995). Interaction-level support for collaborative learning: Algoblock- an open programming language. In J. L Schnase & E. L. Cunnius (Eds.), *Proceedings on CSCL '95: The first international conference on computer support for collaborative learning* (pp. 349 - 355). Mahwah, NJ: Erlbaum.

Wyeth, P., & Purchase, H. C. (2002). Tangible programming elements for young children. In *CHI' 02 extended abstracts on Human factors in computing systems* (pp. 774 - 775). ACM.

11 设计原则

适用于儿童的编程原则

作为编程乐园体验的设计者，了解幼儿的发育特征以及他们可能参与编程的环境是我必须要考量和理解的因素。

幼儿时期是人生中的一段美妙时光。4 到 7 岁的孩子充满了好奇心，他们对学习充满了渴望，但也很容易感到疲劳，导致时间稍长就会注意力涣散。他们喜欢交谈，并且能够在实践中学得更好。他们生机勃勃，精力充沛，但却需要更多的休息。这个阶段，孩子们的大肌肉群活动技能已得到了发展，但其小肌肉群的运动技能仍亟待培养。因此对于这一年龄段的孩子来说参与有关小肌肉运动技能的活动可能存在一定难度。他们喜欢组织性强的游戏，对规则和公平性报以关注；他们充满想象力，喜欢参与幻想游戏；他们竞争意识十分显著，注重自我主张，并以自我为中心。他们正在学习着如何与人合作并成为团队的一部分，他们的的确确了解别人的感受，但却不知道自己的行为如何对他人的情绪造成影响。不过，他们对赞美和认可特别敏感，感情也很容易受到伤害。

这个年龄段的儿童在成熟度方面的表现并不稳定。在家的时候一个样子，而在学校却是另一个样子。疲倦之时他们会选择放弃，不太在乎挫败感。从学术上讲，这涉及一系列可观测的能力——有些孩子会喜欢阅读和写作并有能力轻松计算加法和减法，而其他孩子仍在努力学习字母和数字。鉴于这些发展特征，为幼儿设计编程语言可能极具挑战性。

使用"乐园"作为一种引导性的隐喻十分有用，它指引我们聚焦于各种我们想让孩子通过编程获得的体验，也指导我们注重通过编程让孩子们之间确立各种互动关系。

然而每样事物都不是完美的，我们设计的方法能够吸引、鼓励和鞭策孩子们进行某些体验，与此同时也会对其他体验设置一定的壁垒。例如，对 KIBO 进行编程侧重于让孩子们再利用可回收物品和工艺品等材料；对 ScratchJr 进行编程则侧重于提供用计算机工具绘画的机会。这些工具拥有独特的设计功能，能够实现不同类型的体验。这些体验成效卓越，因为它们能够对情感产生影响（Brown, 2009）。它们让我们沉浸其中，并对我们加以改变，影响着我们的价值观，让我们乐在其中。在考虑为儿童设计编程语言时，我们必须首先考虑我们究竟希望他们拥有怎样的体验。在乐园方法中，我们需要关注能够促进积极发展的要素，而不仅仅将目光局限于提高解决问题的能力或掌握编程的技术。

在之前的文章中（Bers, 2012），我提出了几个方面，以此指导数字背景下的积极设计经验：发展里程碑、课程联系、技术基础知识、指导模式、多样性、用户社群、设计过程、访问环境、环境因素。下文介绍了适于儿童编程的相关内容。

发展里程碑

小编程者的发展需求是什么？他们的发展所面临的挑战和里程碑是什么？他们

最有可能遇到的发展冲突是什么？孩子们在不同年龄要完成不同的发展任务。埃里克森描述了每个发展阶段中独特挑战的呈现方式，并以"危机"来对其命名。人格（或心理社会发展）能够成功发展取决于能够克服这些危机。埃里克森心理社会发展阶段理论提出，在每个阶段，发育中的儿童或成年人都面临着一些矛盾或冲突。

埃里克森描述了从婴儿期到成年期的八个阶段。所有阶段都是在出生时就已备好，但只是根据这个人的先天成长方案和后天的生态和文化成长环境而展开。在每个阶段，这个人都面临着新的挑战，并且有望战胜这些挑战。每个阶段的开始都基于早期阶段的完成。但是，进入下一阶段并不需要以前一个阶段的成功为前提。一个阶段的结果并不是永久性的，其后的经验能够对上一阶段的结果进行修正。阶段往往与生活经历有关，由此也与年龄有关。埃里克森的心理社会发展阶段理论描述了一个个体经历八个生命阶段所表现出的特点，这成为探索其生物和社会文化力量的一个函数。

埃里克森的心理社会发展阶段理论如何影响幼儿编程语言的设计呢？让我们来看看专为 4 至 7 岁的儿童设计的 ScratchJr 和 KIBO，它们的设计跨越了两个埃里克森人格发展阶段。一方面，4 至 5 岁的儿童可能会度过存在"主动感与内疚感"的矛盾发展阶段。根据埃里克森的说法，此危机的化解来自于孩子们发展出了目标感。而在另一阶段，5 至 7 岁的儿童会面临"勤奋感与自卑感"的问题，并通过学习和获得能力来解决这个矛盾。孩子必须处理学习新技能的需求，否则会有感受自卑、失败和无能的风险。编程语言需要有正反馈、鼓励性的目标以及真正的能力。在此基础上，我们设计了 ScratchJr 和 KIBO，孩子们会在接受挑战的同时通过制作和分享自己的项目而成为编程的行家里手。我们意识到，如果在一个活动中，儿童是发起者，那么它的重要性不言自明。两种编程环境恰好又都能够让成人指导的干预最少、都能够提供挑战、给予持续正反馈和充分的激励。皮亚杰及其追随者提出了认知阶段的观点，而我们的设计特征恰好能够首先适应前运算阶段的不同学习方式和能力发展的需要，继而巩固各个阶段的发展（Case, 1984; Feldman, 2004; Fischer, 1980; Piaget, 1951; 1952）。尽管孩子们在感知能力、自我管理方面有不同的倾向，这些设计特点仍然能够让孩子们乐在其中。孩子们需要不断过关斩将，在他们现有的基础上超越自己，并且拥有练习新技能的契机。

课 程 联 系

对那些符合年龄阶段的概念和技能而言，编程会如何促进或阻碍教师的教学？孩子们在行进教育之旅中时，编程又是如何把那些与孩子偶然邂逅的观点引介到他们的知识体系中的呢？有时候，学习编程本身就是目的；但更多时候，编程是学习他物的方式之一。例如，编程涉及的顺序和逻辑思维同时在语篇读写能力和数学思维中占有一席之地。在设计编程语言时，不仅要将界面设计与计算机科学的强大理念相结合，还要与传统的学校科目保持一致，加强学科间的课程联系。

例如，在 ScratchJr 中，我们设计了一个可以在平台上叠加的网格，以帮助儿童理解 XY 坐标。虽然幼儿还没有学习笛卡尔系统，但我们的软件提供一种有助于将来理解这些概念的体验，这一点不容忽视。在 KIBO 中，我们采用的传感器能够输入环境信息。大多数早期儿童课程会让孩子参与研究他们自己的五种感官，因此课程联系的建立并非难事。

技术基础知识

　　数字环境提供了一系列技术平台，旨在设计适用于儿童的计算机编程语言。例如，ScratchJr 是一款在平板电脑和计算机上运行的应用程序；KIBO 是一个独立的机器人组件，并不需要其他平台的辅助。重要之处在于，设计师需要了解每个平台的优缺点以及它们如何对工具的可用性产生影响。例如，从技术角度来看，虽然可以让 ScratchJr 变成一款能够在服务器上运行、允许在线访问且对开发具有一定的意义，但我们最终仍选择放弃这项功能。因为大多数儿童在学前班和幼儿园班级中无法获得可靠的互联网访问入口。通过 KIBO，我们曾尝试发展让用户自行利用 3D 打印制作传感器外壳的能力。但我们后来也决定放弃这种做法，因为大多数教师表示他们无法使用 3D 打印机，也没有时间去学习此项操作。

指 导 模 式

　　在为儿童开发编程语言时，我们必须考虑儿童最初接触到这一工具的方式。无论在家庭还是学校，可能性最大的都是由成年人来介绍这一工具。当孩子们首次接触编程后，他们将如何对之进行反复练习？编程是一种纵向活动。这不是我们已有的经历，也不仅仅是"编程一小时"这样的活动。纵然这些都是精彩的介绍性活动，但就同语篇读写能力一样，编程读写能力无法在短短一小时之内就建立起来。当孩子们每次想要进行编程时，他们都需要成年人陪伴在侧吗？他们可以自己访问编程环境吗？在为儿童设计编程语言时，我们必须考虑成年人在其中扮演的角色。成年人需要掌握什么样的专业知识？是否需要在学习过程中担任教练和导师，或者他们是否作为把关者，以自己的经验为基础进行指导？他们是否承担教学任务？他们应该接受怎样的培训？对于 ScratchJr，应用程序本身需要由成年人进行安装，但在初始干预之后，孩子们可以通过反复试验自行解决问题。不过如果孩子们想要学习更复杂的命令时，成年人的帮助必不可少。

儿童是否具有阅读能力不能一概而论，我们决定首先要确保所有图标都清晰易懂。而成年人的要求是能够在屏幕上看到文字说明。为了同时迎合双方的需求，我们选择在用户点击图标时显示对应的单词。这项设计在避免分散儿童的注意力的同时，为成年人提供了所需的辅助功能，对于 KIBO，成年人只需在第一次应用的时候向孩子展示如何扫描木块即可。此后，按照程序移动的功能就可以一键启动机器人了。一旦孩子学会了如何扫描以及何时按下按钮，那么孩子独立使用 KIBO 就成为了可能。

多 样 性

每当提及"多样性"一词时，我们通常会想到种族、民族、宗教和社会经济的构成。然而，在这种情况下，我们想要问的有关多样性的基本问题是：儿童在编程时可否获得多样化的体验？他们是否能够掌握多种项目制作的方法？他们可以寻求到多种解决方案吗？编程语言的丰富性有可能使其成为创建任何其他事物的工具。就像画笔和调色板一样，编程语言必须支持孩子们拓展他们的想象力。但是，在为幼儿提供调色板时，我们不会一次性地提供数百种颜色。同样，在创建编程语言时，我们会先为孩子们提供一个可管理的编程命令控制板。KIBO 和 ScratchJr 都具有简单的命令，这些命令组合在一起可以产生各种有效的结果。对于专业的成年程序员来说，这似乎缺少诸如"变量"的一些重要因素；但对于不熟悉这个概念的孩子们来说，这种担忧大可烟消云散。随着孩子们的成长，他们将准备好接受更复杂的编程语言，这些语言具有更宏大、更复杂的编程控制板（例如，从 ScratchJr 到 Scratch，从 KIBO 到乐高机器人）。

程序应用范围

在我们预期中，编程语言的用户规模应当是多少呢？在构建社交网络或技术指向的虚拟社区时，我们是否需要一个最小参与数来维持参与者的参与意愿？编程语言是否具有开源性？如果是，其他人可以对其改进吗？该过程需要进行管理吗？怎样进行管理呢？我们将全球用户都设定为 ScratchJr 和 KIBO 当前的目标群体，但我们并未邀请开发人员加入我们的工作——我们缺乏支持机制，无法实现成功的开源体验。我们针对 ScratchJr 启动了语言本地化过程，这一应用程序被翻译成包括英文在内的七种语言，与之配套的课程资料和书籍也同样有多种语言的翻译版本（Bers & Resnick, 2015）。ScratchJr 团队每隔三到六个月就会发布一个新版本的 Scratchjr 应用程序以增加新语言。与此同时，KIBO 机器人已在美国 48 个州的公立、私立学校以及家庭环境中得到使用。全球范围内，KIBO（不像 ScratchJr 那样依赖于单词和翻译）已在 43 个国家使用，而且数量正在稳步增长。

用 户 社 群

大多数编程语言会在获得初步成功后开始构建用户社区，其中一部分社区是虚拟的，而另一部分则是面对面的。有些社区在为其成员提供发展支持机制方面非常积极，他们会制作在线教程、博客和 YouTube 视频，但有些社区则会较为被动。对于儿童编程语言而言，基本问题是：有哪些用户需要加入社群？是孩子自己，还是父母、老师以及其他的成年人？社群的数量应当为多少？应当采取怎样的管理方式对社群进行有效管理？我们需要依据对这些问题的回答，让不同的策略各就其位。

通过 ScratchJr 和 KIBO，我们拥有包含数千名用户的活跃邮件列表。ScratchJr 邮件列表会推送新闻、应用程序更新和社区活动的信息；KIBO 邮件列表是一份月度通讯，包括学习 KIBO 新模块的技巧和创新方式，使用 KIBO 的教师的文章及课程理念。此外，由于 ScratchJr 和 KIBO 同时应用于儿童和成人两个社区，我们决定推出一项家庭日（Family Days）计划，将儿童及其家人聚集在一起，通过协作活动的方式了解编程及其技术。

设 计 过 程

在设计任何产品时，让所有潜在用户都能参与设计过程这一点非常重要。对于儿童编程语言而言，潜在用户就是父母、教育工作者和儿童本身。事情可能会因此变得复杂，因为这三个不同的用户群目标各异。但是，每个团体都需要各抒己见。儿童不能像成年人一样参加在线调查和焦点小组活动。为了表达他们的意见和偏好，孩子们就需要尽早接触到原型机。正如他们从实践中学习一样，我们通过观察他们的行为进行研究，这为我们带来的挑战显而易见。这些挑战可以通过低技术原型和 Wizard of Oz 模拟技术予以解决。在人机交互领域，Wizard of Oz 技术是一种研究实验，其中受试者与计算机系统交互作用，受试者确信计算机系统具有自主性，但实际上计算机是由"看不见"的人操作或部分操作的。

教师需要设想如何将编程语言融入日常教学中；早期的原型研究仅在安全的研究实验室中进行试点，这有些杯水车薪，它们还需要在教室和其他使用编程语言的环境中进行。这种涉及所有利益相关者的迭代设计过程耗时长、成本高。例如，对于 KIBO 和 ScratchJr，我们在发布产品之前对早期原型进行了至少三年的研究。

访 问 环 境

要使用编程语言，我们首先要有使用它的渠道。儿童是否有能力自行操作，还是需要老师和家长的帮助？在学校，老师或许能够充当协调员确保孩子们能够获得所需的技术支持。但是孩子在家里的时候情况则有些不同。例如，ScratchJr 需要在平板电脑上运行，年幼的孩子们应该有他们自己的设备还是需要和父母共用？他们是否在与其他家庭成员竞争这种资源？许多家庭每天可能只能为年幼的孩子提供有限的"自由选择"屏幕时间。这意味着儿童使用 ScratchJr 等编程应用程序的时间必然与视频游戏和电视节目的时间发生冲突。另外，KIBO 回收箱方便儿童自己打开和关闭，并促使孩子们承担起清理和收拾材料的任务。但是，像 KIBO 这样的机器人组件仍然可能会存在与 ScratchJr 相类似的获取方式问题。例如，父母是否将 KIBO 放在孩子的卧室或游戏室，像其他玩具一样方便孩子可以随时使用？或者他们是否将其视为平板电脑和其他"高成本技术"，只有在成人的帮助下才能使用？这些保存和使用问题都会改变儿童体验编程乐园的方式。

环 境 因 素

    什么样的财务模式可以支持编程语言的设计及其可持续发展？该问题在开发编程语言的早期阶段就需要加以考虑。当新产品进入教育市场时，教师培训、课程调整、新材料采购都必不可少。但如果不能为新环境的"存续性"提供保障，及时满足所需，则应避免将这些改变引入新环境中。为儿童设计编程语言是一项重大的工作。同样，资金可持续性不仅对启动程序至关重要，对更新程序和修复错误也意义重大。在启动一个经过深思熟虑的高质量项目之前，需要明确该项目必须善始善终，不能半途而废。对于 ScratchJr 和 KIBO，我们都获得了国家科学基金会的慷慨资助，用作这些项目的启动资金。现在，Scratch 基金会（Scratch Foundation）提供了所需的财务支持来保障 ScratchJr 的工作，这也使我们能够免费提供该应用程序；KinderLab Robotics 通过竞争性的 NSF SBIR 小企业资助金、天使投资和销售收入，实现了 KIBO 的全球商业化。

    虽然本章介绍的内容并未侧重于特定的技术特征，但提供了更丰富的信息，以便使大家了解该技术应用环境的多彩程度。然而，尽管为早期教育设计适合发展的工具很重要，但理解编程学习和编程思维的发展需要在系统课程体验背景下才能够进行也同样关键。我将在下一章重点介绍制作编程乐园的教学策略。

参考文献：

Bers, M. U. (2012). *Designing digital experiences for positive youth development: From playpen to playground*. Cary, NC: Oxford.

Bers, M.U. & Resnick, M. (2015). *The Official ScratchJr Book*. San

Francisco, CA: No Starch Press.

Brown, T. (2009). *Change by design: How design thinking transforms organizations and inspires innovation*. New York: Harper Collins.

Case, R. (1984). The process of stage transition: A neo-Piagetian view. In R. Sternberg (Ed.), *Mechanisms of cognitive development* (pp. 19 - 44). San Francisco, CA: Freeman.

Erikson, E. H. (1950). *Childhood and society*. New York: Norton.

Feldman, D. H. (2004). Piaget's stages: The unfinished symphony of cognitive development. *New Ideas in Psychology, 22,* 175 - 231. doi: 10.1016/j.newideapsych.2004.11.005

Fischer, K. W. (1980). A theory of cognitive development: The control and construction of hierarchies of skills. *Psychological review,* 87(6), 477 - 531.

Gmitrova, V., & Gmitrova, J. (2004). The primacy of child-directed pretend play on cognitive competence in a mixed-age environment: Possible interpretations. *Early Child Development and Care,* 174(3), 267 - 279.

Leseman, P. P., Rollenberg, L., & Rispens, J. (2001). Playing and working in kindergarten: Cognitive co-construction in two educational situations. *Early Childhood Research Quarterly,* 16(3), 363 - 384.

Piaget, J. (1951). Egocentric thought and sociocentric thought. *J. Piaget, Sociological Studies*, 270 - 286.

Piaget, J. (1952). *The origins of intelligence in children* (Vol. 8, No. 5, pp. 18 - 1952). New York: International Universities Press.

Scarlett, W. G., Naudeau, S., Ponte, I., & Salonius-Pasternak, D. (2005). *Children's play*. Thousand Oaks, CA: Sage.

Vygotsky, L. (1976). Play and its role in the mental development of the child. In J. Bruner, A. Jolly, & K. Sylva (Eds.), *Play: Its role in development and evolution*. New York: Basic Books.

教学策略

早期教育课程中的编程知识

早在我来美国开启研究生生涯之前，我曾当过一段时间的记者。也正因为这样一段经历，我学会了时时追问自己这样五个问题：是什么、为什么、何时、何地、怎么做。现在，这本书已然行进到了尾声，我需要对这五个问题进行解答。"是什么"的答案自然是编程——它是这部书稿的核心，也与计算机科学的强大理念紧密相联。对于"为什么"，答案在书中显而易见，其中重磅之处是全书第一部分中对编程在认知、个性、社会和情感维度等方面的探讨。由于儿童编程背景和设置因时而异，"何地"和"何时"就成为了两个多解问题：比如家庭、学校、课外项目、图书馆，创客空间等等，介绍 ScratchJr 和 KIBO 的章节就提供了一些相关示例。最后，"怎么做"是顶层设计，也是我对这个不断发展的领域做出的贡献——基于积极技术发展理论框架的"编程乐园"法。

作为教师，理论框架有助于为课程体验的设计、实施和评估提供"战略指导"。本章分享了我多年来在介绍幼儿编程时总结的各种教学策略。

教学可以为儿童创造必要条件，让他们接触并探索强大理念。我们再回头来看看西摩·佩珀特《头脑风暴：儿童、计算机与强大理念》（*Mindstorms: Children, Computers and Powerful Ideas*）这本书。一直以来，这本书的读者常常认为儿童和计算机才是它的关键概念，这一认识颇有"买椟还珠"之感，以至于令作者十分遗憾。在他看来，强大理念才是这本书的重中之重——强大理念是佩珀特建构理论教育方法中最难理解的概念之一，也可能是最彰显智慧的概念之一。

计算机之所以在教育应用方面潜力无穷，正是因为它能让儿童们接触到强大理念。因此，课程设计应当以强大理念为根基。在本书中，第 6 章集中探讨了儿童在编程时接触到的强大理念。纵览全书，第二部分的第 2 章和第 3 章让我们深入了解到强大理念，也深刻理解了他们如何参与到儿童编程思维的培养过程中。

多年来，越来越多的研究人员和教育工作者使用"强大理念"一词来指代一套值得学习的智力工具，这应当归功于每个研究领域内的专家社群，他们对此发挥了决定性的作用（Bers, 2008）。然而，不同的人以迥异的方式来使用这个术语，在使用强大理念概念的社群之中，是否需要对该概念进行统一化的定义众说纷纭（Papert & Resnick, 1996）。

佩珀特的建构理论正是关于强大理念的。他设想计算机同时既是新旧观念的载体，也是教育变革的推动者。虽然学校改革这个话题极为复杂，但建构理论在课堂上引入编程，并以此作为重组学习和探索有力思想的方式，从而为推动改革过程中不同阵营之间的对话做出了不可磨灭的贡献。

佩珀特及其同事高度重视想法和思维的过程，这根植于他们对皮亚杰认识论的关注——认识我们获取所知的方式、架构自身知识储备的径由、思维运转的真相思考，而以上种种又是我们在幼儿期引入编程的核心原因。编程有助于儿童以循序渐进的系统化方式进行思考。

本书展示了如何让思考的旅程变得妙趣多多。在奥古斯特·罗丹（Auguste

Rodin）的知名雕像"思想者（The Thinker）"中，一个男性形象坐在一块岩石上，一只手托着下巴，好像在深思熟虑，表现出思考仿佛是静止的、被动的。但是研究表明，思考贯穿了我们行为活动的各个过程，连游戏也不能被排除在外（Hutchins, 1995; Kiefer & Trumpp, 2012; Wilson & Foglia, 2011）。在编程时，孩子们不仅会思考算法、模块化、控制结构、描述和展示、设计过程、故障排除以及软硬件，同时，他们也会反思自己思考的全过程。

强大理念是一种智力工具。它们唤起了情绪反馈，使儿童可以将这些想法与自己的兴趣、激情和经历相融合。在儿童教育中，如何建立起能够为孩子们构建联系提供推动作用的学习环境这一问题格外受人瞩目。新兴的课程体系以儿童的兴趣为立足点，响应着他们的新颖观点、激动人心的关键时刻和源自本我的问题（Rinaldi, 1998）。美国幼儿教育协会（NAEYC）有关促进综合课程的指导原则与建构理论中的有力思想概念紧密相关。这些指导原则提倡那些在跨学科应用（即支持新思想和新概念的发展）和儿童的兴趣中萌发并与之产生关联的有力原则或概念（Bredekamp & Rosegrant, 1995）。

对于编程课程，我们还要考虑些什么？

课程通过联系紧密而又适宜发展的方式使得强大理念不再可遇不可求。当我们以推动编程思维的发展作为趣味编程的课程目标时，必须要考虑到以下因素：

1. 节奏：考虑到那些包含着计算机科学中强大理念的活动规模和活动顺序至关重要。课程可以集中于编程周内进行，亦可以开展长达几个月的课程；可以每周安排一到两次，也可以降低频率，贯穿全年。

2. 编程活动类型：编程活动中有些是结构性设计的挑战，有些则包括了自由探索。结构性的挑战将会要求参与的孩子们利用相同的材料，以模块化的形式传达出强大理念；自由探索则提供了独立发现事物的机会。为自由探索开辟专门的时间有助于夯实其编程之基。

3. 材料：我们编程的必备工具。尽管可以通过低技术材料（例如编程语言中不同编程命令的印刷图标）来探索编程思维，但这不能替代编程语言本身。掌握材料的重要性不容忽视。比如，在使用机器人时，有些教师可能会选择为每组学生提供完整的机器人工具包。儿童可以标注自己或小组的名字，在课程进行期间都使用同一套工具包。并在课程期间使用相同的工具包；有些教师则会把每套工具包拆开，将其中的部件分门别类地摆在中央位置，让孩子自己选择所需材料。如果课程要用到平板电脑，那么提醒孩子们要及时充电则是一项不可缺少的任务。有些学校提供可接入教室的平板电脑充电器，因此儿童和教师无须担心电量耗尽的问题。但不同的教室有着不同的设备，因此教师为孩子做好充分"后勤工作"就非常重要。不论采用什么样的技术平台，为如何使用和加工这些材料并设定合理的期望值都是意义深重的。适当的期望值不仅会让课程更具有逻辑性和可行性，也会同瑞吉欧·伊米莉亚所述的那样，成为孩子的"第三位教师"。

4. 教室管理：当在儿童教育环境中进行教学时，不仅需要仔细规划，还需要在课堂管理方面进行跟踪调整。由于材料本身富于新颖性，针对于不同材料，课堂安排不能一概而论。清晰的课程结构、使用材料的合理期望、课程各个部分的例行安排（如技术协助、清理时间等）都是教室管理不可或缺的组成部分。

5. 小组规模：正如任何其他类型的童年早教一样，全组活动、小组活动、结对活动或个人活动都可以作为孩子获取体验的方式。个人活动高度依赖于材料的可得性，而教学物质资源可能极为有限。我们应当努力允许孩子们尽可能以小组为单位进行活动。有些课程将"技术协助时间"作为为时间表中的"核心时刻"，在这段时间中孩子们在环绕着房间的各个小站间轮流活动，在每个不同的小站参与不同的活动。这种模式能够让孩子们随时向老师发问，也为教师订制教学计划、接收教学反馈提供了便利。与"全组体验"相比，前者更能够追踪和评估每个学生的进度。小组体验的方式与个人体验的方式有着天差地别——以读写能力为例，在学习如何写作时，孩子们不会与他人功用一支钢笔。每个孩子拿着自己的钢笔，以需求为导向来完成作品，没有时间上的限制；而小组体验则在促进对话、提供不同观点发声机会和分享不同想法方面具有优越性。但需要注意的是，小组体验需要为个人创作留下足够的空间，这一点尤为重要。

6. 制定州和国家体制：在编写本书时，美国尚未提供一套国家层面的体制来解决早年间在编程思维和编程活动方面出现的问题。许多计划性的文件正在紧锣密鼓的筹备之中（e.g., Code.org, Computing Leaders ACM, & CSTA, 2016; U.S. Department of Education & Office of Innovation and Improvement, 2016），有些国家甚至已然将编程视为一门必修课程。编程思维中的部分强大理念是其他学术性科目，如数学、文学、工程学和科学的基础。更进一步地，编程更是一种整合各学科知识、技能的有效方式。由此，有意识地进行规划，将每个蕴含在编程中的强大理念与现有体制内传统学科的内容知识和技能紧紧相连，堪称高屋建瓴、意义深远之举。

7. 评估：通过"编程乐园"法，让孩子们收获快乐这一点毋庸置疑。但对于其学习过程和学习成果的评估也举足轻重。评估的方法不少：记录孩子们的项目和他们谈论、分享项目的方式；分析他们某一项目设计日志的进度更新；填写旨在测试特定知识的工作表；手机作品汇编；使用专业评估工具，如 DevTech 研究小组开发的

Solve-It 任务和"工程许可证"。即便孩子们可能分组活动，上述方法皆可用于评估儿童个体的学习情况。

在将编程引入早期教育课堂之前，考虑上述七个条件将会使教师们如虎添翼。教师们在课程中可以用不同的教学方法介绍有关计算机科学的强大理念。本书介绍的是"编程乐园"法，它基于积极技术发展框架。"编程乐园"法中包含的 6C（或称之为"积极行为模型"）有：内容创造、创新力、沟通、协作、社区构建和行为选择。让我们一探究竟（参见图 12.1）。

积极技术发展框架

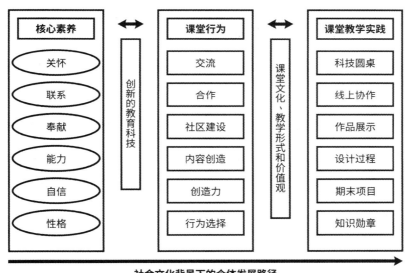

图 12.1　积极技术发展框架的开发者是珀斯（2012 年）。积极技术发展提出六种积极行为（6C），并应由使用新教育技术的教育计划予以支持。其中包括：内容创造、创造力、沟通、协作、社群构建和行为选择。第三栏"计划实践（Program Practice）"是空白的，教育工作者可以根据自己的课堂文化、实践和仪式自行填写。

1. 内容创造：创作和编程具体项目。编程中涉及的设计过程和编程思维能够培养孩子两方面的能力——编程读写能力和技术流畅性。

2. 创新力：给予儿童发展个人项目创意的机会，同时提供多种材料，以此取代依据小册子或说明进行的机械复制。当孩子们以极具创新性的方式解决技术问题时，他们会对自己的学习潜力建立信心。

3. 协作：让孩子们与学习环境互动——推动团队合作、资源共享、关心彼此。"协作"在此定义为项目索取或提供帮助、合作编程、借出或借入材料、合力完成共同任务等。

4. 沟通：增强与同龄人或成人之间联系感的机制，如技术协助。技术协助为社群提供了解决问题的良机。为了避免讨论过程中孩子注意力的流失，讨论需要涵盖所有重要想法。因此，讨论可能以分阶段的方式进行，不同于一次到位的沟通，这类讨论的时长可能会为期整整一天。即便不真正使用机器人或平板电脑，制作一个"机器人或平板电脑停车场"也能够使孩子们专注于技术协助。

5. 社区构建：为构建提倡思想贡献的学习型社区创造机会。我们的长期教育目标不仅是锻炼儿童和教师的编程思维和技术流畅性这两种能力，还要促进更广泛的社区构建。开放式空间为孩子和孩子的学习"投资人"提供了分享和庆贺最终作品的机会。在这些开放式空间中，家人、朋友和社群成员都能参观课堂，观看被展出的最终作品。每个孩子不仅有机会在平板电脑或计算机上运行他们的机器人或项目，还有机会扮演教师的角色——他们将会解释自己构建项目、为其编程和解决问题的全过程。

6. 行为选择：使儿童有机会尝试"假设"问题和思考其潜在后果，激发他们对价值观和人格特征的探索。学习社区的发展肩负多项重任，包括了解材料、尊重技术的使用规则、包容角色差异，不一而足。教师可以为儿童指定"专业徽章"，一方面要求他们负责帮助他人了解以儿童为主的主题信息，一方面也鼓励儿童尝试新角色并保持灵活性。学习编程与帮助孩子们建立引导其行为方式的内在规范同等重要。行为选择不仅仅是儿童的"专利",教师在他们展示和引介材料的过程中也在进行行为选择。

想要在儿童教育中引入编程,就必须有一套适用于儿童发展的编程语言。值得注意的是,我在本书中展示的方法的立足点都是"编程是一种读写能力"而非"编程用来解决问题的"。这意味着孩子们可以轻松地通过语言的锻炼提高对技术的熟练程度,这能使孩子们都成为创造家,靠自己的双手创造项目、与人分享。在编程过程中,他们必然会解决许多问题,但解决问题实在不是教育的本质目的,教育的本质目的是个性表达和与人沟通。

当儿童学习阅读和写作时,我们会为他们提供不同类型的书籍和写作材料,这些材料不仅适合他们能力的发展,同时也丰富着他们的写作经验。编程工具亦是如此,如果孩子们能够流畅地使用 ScratchJr、KIBO 或是前述的任何其他编程语言,他们的编程思维就会得到长足发展。

对于希望在儿童早期课堂中引入编程的教育者而言,这些编程语言必不可少,但除此之外他们还需要涵盖强大理念在内的计算机科学课程体系,以及一个能够使其全面了解儿童发展的指导框架。我提出的积极技术发展框架,其涵盖的六个积极行为整合了幼儿期的认知、个性、社交、情感和道德等多个方面。有了编程语言、课程体系和指导框架,儿童教育工作者们终于可以将"编程乐园"法落到实处了。

参考文献:

Bers, M. (2008). *Blocks to robots: Learning with technology in the early childhood classroom.* New York, NY: Teachers College Press.

Bers, M. U. (2012). *Designing digital experiences for positive youth development: From playpen to playground*. Cary, NC: Oxford.

Bredekamp, S., & Rosegrant, T., eds. (1995). *Reaching potentials: Transforming early childhood curriculum and assessment* (Vol. 2). Washington, DC: NAEYC.

Code.org, Computing Leaders ACM, and CSTA. (2016). Announcing a new framework to define K−12 computer science education [Press release]. Code.org. Retrieved from https://code.org/framework-announcement

Darragh, J. C. (2006). *The environment as the third teacher*. Retrieved from www.eric.ed.gov/PDFS/ED493517.pdf

DevTech Research Group. (2015). *Sample engineer's license*. Retrieved from http://api.ning.com/fi les/HFuYSlzj6Lmy18EzB9-sGv4ftGAZpfkGSfCe6lHFFQmv8PaeIQB-4PB8kS6BunpzNhbtYhqnlmEWpFBwQJdfH7yFrJrgUUrl/BlankEngineerLicense.jpg

Hutchins, E. (1995). *Cognition in the Wild*. Cambridge, MA: MIT Press.

Kiefer, M., & Trumpp, N. M. (2012). Embodiment theory and education: The foundations of cognition in perception and action. *Trends in Neuroscience and Education,* 1(1), 15 - 20.

Papert, S. (1980). *Mindstorms: Children, computers, and powerful ideas*. New York: Basic Books, Inc.

Papert, S. (2000). What's the big idea? Toward a pedagogy of idea power. *IBM Systems Journal,* 39(3 - 4), 720 - 729.

Papert, S., & Resnick, M. (1996). *Paper presented at Rescuing the Powerful Ideas, an NSF-sponsored symposium at MIT*, Cambridge, MA.

Rinaldi, C. (1998). Projected curriculum constructed through documentation—Progettazione: An interview with Lella Gandini. In C.

Edwards, L. Gandini, & G. Forman (Eds.), *The hundred languages of children: The Reggio Emilia approach—Advanced refl ections* (2nd ed., pp. 113‑125). Greenwich, CT: Ablex.

Strawhacker, A. L., & Bers, M. U. (2015). "I want my robot to look for food" : Comparing children's programming comprehension using tangible, graphical, and hybrid user interfaces. *International Journal of Technology and Design Education,* 25(3), 293‑319.

U.S. Department of Education, & Office of Innovation and Improvement. (2016). *STEM 2026: A vision for innovation in STEM education*. Washington, DC: Author.

Wilson, R. A., & Foglia, L. (2011). Embodied cognition. *Stanford Encyclopedia of Philosophy*.

说在最后的话

那是一个晴朗的周一。我在下午 3 点刚刚结束了一场以波士顿地区数百名早期儿童教师为听众的演讲。当我走出房间时，一位略显腼腆的女士走近来询问我是否应该让她 6 岁的孩子独立使用 ScratchJr，以及何时是使用 ScratchJr 的最佳时间。我对她报以微笑，想到自己已经不止一次听到这样的问题了。我问她："你会让孩子读书吗？多久读一次呢？你会让她写故事吗？写过多少次呢？常常让她写作吗？"她回答道："这不好说。一方面要看书籍的种类，一方面要看孩子是不是真的想要写作。我当然没法要求她在家庭晚宴的时候写作，也同样不会让她阅读家里的成人书刊。这些书超过了她的接受范围，或许会让她感到恐惧。"这位女士深思熟虑后才给出答案，在这里我要指出的是她的逻辑同样也适用于技术方面的应用——事随境迁，要具体情况具体分析。

编程世界可以是一个游乐园。它着实为孩子们提供了学习和成长、探索和创造、掌握新技能和思维方式的机会。但带孩子去游乐园并非常事，因为游乐园之外还有诸多能够带孩子参观并发展其他技能的地方。但当我们带着孩子来到游乐园时，我们希望它是一个适宜孩子发展的空间。

本书探讨了编程在幼儿期的作用。它借鉴了积极技术发展（PTD）的框架，旨在了解儿童在开发编程思维和探索计算机科学强大理念时能够树立怎样的发展里程碑、又能够得到多么有趣的学习体验。此外，本书还认为编程能够为儿童创造一个创新游乐园——他们在其中能够超越消费者的角色，成长为技术时代的创造者。

我提出的"编程乐园"法并不局限于传统意义上将编程作为一种技术技能的概念。编程是一种读写能力。因此，它涵盖了新的思维方式，它的作品能够与创作者分离，并拥有专属含义。它的制作者的确富有雄心、充满热情、怀揣着交流沟通的渴望。正如写作一样，编程是人类表达的媒介，通过这种表达过程，我们学会用新方式去思考、去感受、去沟通。本书反对以解决问题作为儿童编程教育的目标，取而代之，我提议让编程成为流畅而又具有个性化表达的支柱。

在编程乐园中，孩子们创建自己的项目，用以交流想法和表达自我。他们需要KIBO 和 ScratchJr 这些适宜发展的工具。他们参与解决问题和讲述故事；他们锻炼自己的排序技巧和算法思维。这段设计过程，或者说这段探索之旅，以早期构思为起点，以共享性的完成品做终点。孩子们会学习如何应对挫折并找到解决方案，而非在事情具有挑战性时轻言放弃。他们学会制定有效策略来排除项目的故障；他们学会与他人合作；他们更学会为自己的辛勤工作而感到自豪。在编程乐园中，孩子们在学习新事物的同时享受快乐。他们可以愉快地独立探索新概念和新想法，也能开发崭新的技能。他们有着初生牛犊不怕虎的勇气，能够直面失败，无惧从头再来。

在这个编程乐园中，孩子们会接触到来自计算机科学的强大理念，这些想法对未来程序员和工程师的重要性不言而喻，对每个人类个体也同样弥足珍贵。在二十一世纪，编程如同阅读和写作，是一种实现读写能力的方式，需要尽早开始，抢得先机。今天，如果人们不仅能够利用数字技术消费，还能够用其进行制造，那么他们将会成为自己命运的掌舵人。读写能力是一种体现人类力量的媒介。掌握阅读和写作能力的人可以直抒胸臆，而那些不具备这种能力的人则有心无力。那些不会编程的人会遇到这样的情况吗？而那些无法进行编程思考的人也会遇到这样的情况吗？

我们有责任为儿童引介编程知识和编程思维。我们知道，作为一种读写能力，编程将为孩子们打开一扇通往新世界的大门，其中自然有许多出人意料的新情况。这些小编程者不过是年幼的孩子，我们所能做的就是不遗余力地给予他们支持。简单地复制为小学或高中学生开发的计算机科学教育模型远远不够，那些为年龄较大的孩子创建的编程语言并不是儿童的理想之选，因为这些编程语言从发展角度上看并不适合小孩子。

作为教师，我们需要为儿童量身打造专门的技术和课程，并将他们的认知、社交和情感需求纳入考量。这是一个方兴未艾的崭新领域。因此，孩子才是我们最好的合作者，他们可以指导我们审慎思考其特有的复杂性；作为研究人员，我们需要探索学习编程的不同发展阶段以及与编程思维相关的学习轨迹。我们不应只看到 4 岁的孩子在对她的机器人进行编程、跟随着机器人共舞 Hokey Pokey，或者 5 岁的孩子在制作动画，我们必须挖掘表象背后的真实。STEAM 各类学科的教育和研究方法正在日益发展，读写能力的研究和其中所需阐明的学习过程也同样不可忽视。编程不仅仅作为解决问题的机制得到研究，更应该作为创作过程被研究，这一过程获得的产品将能够分享人类的表达。

随着世界各地的教师开始将编程知识和编程思维融入儿童教育之中，我们也能够从中厘清并理解这两项内容究竟是以怎样的方式融入早期儿童教育实践的。我们能够将儿童视为一个自足的整体——他们不再仅仅是问题解决者，他们也拥有发声的权利，有自己需要讲述的故事。愿我们都能够为他们这种学中玩、玩中学的方式给予真诚鼓励和全力支持。